铝阳极氧化理论

Theories of Aluminum Anodization

（日）佐藤敏彦　神长京子　著

史宏伟　余泉和　赵正平　等译

化学工业出版社

·北京·

《铝阳极氧化理论》理论覆盖面广、研究深入，全书采用问答的形式，从前处理、阳极氧化膜的生成和特点、阳极氧化各论、染色和自然发色、电解着色、电泳涂装、其他涂装和封孔处理，以及其他课题八个方面，通过 100 个问答，对铝材表面处理理论和工艺进行了深入浅出的论述。

本书理论性较强，涉及了大量的理论基础知识，适合于铝材加工企业技术人员、铝合金表面处理科研和教学培训人员阅读参考。

THEORIES OF ANODIZED ALUMINUM 100 Q&A, 1st edition/by Toshihiko Sato and Kyoko Kaminaga

ISBN 4-87432-012-0

Copyright© 1997 by Toshihiko Sato and Kyoko Kaminaga. All rights reserved.

Authorized translation from the Japanese language edition published by Kallos Publishing.

本书中文简体字版由 Kallos Publishing 授权化学工业出版社独家出版发行。

未经许可，不得以任何方式复制或抄袭本书的任何部分，违者必究。

北京市版权局著作权合同登记号：01-2018-3837

图书在版编目（CIP）数据

铝阳极氧化理论/（日）佐藤敏彦，（日）神长京子
著；史宏伟等译．—北京：化学工业出版社，2018.9（2023.1 重印）
ISBN 978-7-122-32629-4

Ⅰ.①铝… Ⅱ.①佐…②神…③史… Ⅲ.①氧化铝
电解-阳极氧化 Ⅳ.①TF111.52②TG174.451

中国版本图书馆 CIP 数据核字（2018）第 155611 号

责任编辑：韩亚南 段志兵　　　　　　　文字编辑：向　东
责任校对：秦　姣　　　　　　　　　　　装帧设计：刘丽华

出版发行：化学工业出版社（北京市东城区青年湖南街 13 号　邮政编码 100011）
印　　装：涿州市般润文化传播有限公司
710mm×1000mm　1/16　印张 10　字数 191 千字　2023 年 1 月北京第 1 版第 6 次印刷

购书咨询：010-64518888　　　　　　　　售后服务：010-64518899
网　　址：http://www.cip.com.cn
凡购买本书，如有缺损质量问题，本社销售中心负责调换。

定　　价：68.00 元　　　　　　　　　　　　　　版权所有　违者必究

中文版序

我并不认识佐藤敏彦先生，当看到《铝阳极氧化理论》的译稿时，才刻意对原作者的履历进行了了解。佐藤先生称得上是世界知名的铝表面处理专家。他既是日本芝浦工业大学著名教授，日本金属表面处理协会理事、轻金属协会理事，日本表面处理专业 JIS 国家标准的撰写者；又是美国表面处理协会会员、英国表面处理学会研究员。佐藤先生著述甚多，《铝阳极氧化理论》是其代表作之一，该书日文版于 1997 年出版，英文版由神长京子女士翻译，现在由史宏伟先生组织国内表面处理行业的数位专家将其翻译成中文。

我与史宏伟先生相识已久。他毕业于天津大学，主修电化学工艺专业，工作后的二十多年时间里，一直潜心钻研铝材表面处理技术，对铝材表面处理工艺也颇有心得。史宏伟先生曾是日本立邦、关西涂料在中国的总代理，之后一手创建了天津艾隆化工有限公司，率先引进日本先进工艺和配方，生产高品质阳极电泳涂料，为中国电泳铝型材表面质量的提升做出了贡献。史宏伟先生热心公益，关心行业发展，长期担任全国有色金属标准化技术委员会轻金属分标委会委员、国际 QUAS-CAP 认证的中日双方共同委员等职务，利用其精通日语和英语的优势，代表中国多次参加国际 ISO 会议，作为主要成员参与了中日双方共同提出的 ISO 28340 标准的制定。可以说，史宏伟先生是中国铝材表面处理领域一位不可多得的专家型企业家。令人称道的是，史宏伟先生还深爱中国文化，尤其是古典文学和历史研究，造就出的儒雅、谦虚、正义风范和家国情怀，让我十分钦佩。因此，我欣然接受他的邀请为其译作做序。

大家知道，中国铝挤压材生产起步于 1956 年建厂的哈尔滨铝加工厂（即东北轻合金加工厂，是中国第一个大型轻合金加工厂），当时生产能力每年仅 5000t。经过多年发展，中国已成为全球最大铝挤压材生产国，产能、产量均超过其他所有国家的总和。根据中国有色金属加工工业协会和北京安泰科信息股份有限公司的统计，2017 年中国铝挤压材产量达到 1950 万吨，占到全球总量的一半以上。

在产业规模扩大的同时，中国铝挤压产业的发展水平和发展质量不断提升。在技术装备方面，中国已进入世界领先行列，截至目前，中国已装配 45MN 以上大型挤压机 121 台，其中，国产最大挤压机 225MN，为全球独有；进口最大挤压机 150MN；拥有各种铝材表面处理生产线 1000 多条。在标准质量方面，中国已经建立起完备的、与国际接轨的铝挤压材产品标准体系，其中，GB/T 5237《铝合金建筑型材》和 GB/T 8013《铝及铝合金阳极氧化膜与有机聚合物膜》系列国家标准得到了世界上多个国家的认可和采用。与之相应，铝挤压材尤其是型材的产品质量率先进入国际先进行列，在所有铝材产品中于 2001 年最早实现净出口，国际市场竞争力不断提升。

以上这些变化都表明中国铝挤压产业已经与国际先进水平比肩，正在实现从模仿、跟踪到并行，甚至在个别领域实现超越的新局面。但是我们也需看到，基础研究能力不足一直是制约中国铝挤压产业实现高质量发展的短板。

当前，中国特色社会主义进入了新时代，而中国铝挤压产业也迈出由大国向强国进军的步伐。我们要贯彻"创新、协调、绿色、开放、共享"的新发展理念，具体落实到铝挤压产业，我认为就是要加强基础理论研究，推动各环节的自主创新。

表面处理是影响铝材整体质量的关键环节，迫切需要对铝材表面处理基础理论进行深入研究。《铝阳极氧化理论》一书理论覆盖面广、研究深入，采用问答的形式对铝材表面处理理论和工艺进行了深入浅出的论述，静下心来细读，一定会大有收获，大有裨益。需要指出的是，有些观点代表的是原作者一家之言，因此需要我们边阅读边思考，而在学习过程中发现的问题正是未来的创新所在。因此，我一是推荐大家看一看、读一读这本书，二是希望有更多的人投身到铝材表面处理的基础研究中来，为实现成为铝挤压强国做更多的基础工作。

中国有色金属加工工业协会理事长
范顺科
2018 年 3 月 1 日

译者前言

中国挤压机的数量和吨位、表面处理线的种类和能力、产能产量规模，远远超过世界其他国家的总和。尤其是表面处理工艺，借用中国有色金属加工工业协会理事长范顺科教授的话："世界上有的，中国都有；中国有的，别的国家不一定有。"但是，在乐观的背后，我们也应该看到，中国在从世界铝挤压材生产的大国向强国迈进的过程中，在理论研究和科技创新方面才刚刚起步，无论是资金投入，还是科研人员的数量和水平，相对于西方国家还存在较大差距。

这本书是日本著名学者佐藤敏彦先生和神长京子女士的著作。佐藤先生著述很多，在日本铝表面处理界，在理论研究方面，他可以说是永山政一教授之后的著名人物。这本书里面涉及了大量的理论基础知识，简明易懂。他山之石可以攻玉，我衷心希望能借助其他国家的科研成果，使我国的铝表面处理从实践模仿阶段，迅速上升至理论研究阶段，最终进入理论指导实践的阶段。

本书翻译过程中，余泉和先生做了大量实际工作，赵正平先生也付出了巨大的努力。由于这些年的技术进步和本人水平有限，故特邀 QUALICOAT 中国主席、广亚铝业集团总工程师潘学著先生写了关于丝状腐蚀的译注，特邀 QUALISINO 首席代表、杭州集德表面技术有限公司总经理李琰写了电解抛光部分的译注，在这里一并表示衷心感谢。

本书理论性较强，适合坐下来静读、精读，国内类似的书似乎只有朱祖芳老师翻译过的一本日本川合慧先生的《铝阳极氧化膜电解着色及其功能膜的应用》。希望这本书能对致力于理论研究的同仁有所帮助。

史宏伟
2018. 2. 14
于佛山

原著前言

关于铝表面处理技术的专业书籍已经出版了好多本。但是这些书籍往往只是告诉你"HOW TO（如何去做）"，并没有对表面处理理论进行解说。本书将就铝表面处理技术的"WHY（为什么）"进行剖析。比如：硫酸电解溶液的温度为什么要保持在20℃？为什么电解着色法可以获得多色氧化膜？氧化膜电泳涂装时，为什么必须施加150V的电压？

为了通俗易懂地回答这些问题，本书借助了如下的概念和理论：（1）氧化膜的Keller模型、Murphy模型、Wood模型；（2）多孔质层和阻挡层的物理化学意义；（3）阻挡层的离子传导和电子传导；（4）Vermilyea的"瑕疵理论"；（5）单质子酸阴离子对阻挡层的破坏；（6）氧化膜的"化学溶解"和"电化学溶解"；（7）Murphy的"电流恢复现象"；（8）Decker的"孔隙充填理论"；（9）Alwitt的"复合氧化膜理论"；（10）氧化膜孔中的电化学反应和中和反应；（11）交流电解的感应电流和非感应电流；（12）交流电解的阻抗等效回路；（13）交流电流恢复现象。

本书是在大家的建议和帮助下完成的。著作者对诸位深表谢意，在此特别对德国G. Sperzel先生（President of Metall-und Oberflächen Chemie Sperzel GmbH & Co. KG，Germany）深表感谢。本人与G. Sperzel先生有过多次交流阳极氧化与着色的机会，在其关照下，多次与国外学者讨论铝表面处理问题。本书作者之一神长京子女士也在国际会议上积极介绍她的研究。假如没有与G. Sperzel先生的相识，本人和神长京子女士只会是日本本土的研究人员。为此，再次衷心感谢G. Sperzel先生。

我希望这本书有助于澄清关于阳极氧化膜理论的疑问，解决"这是你一直想问的"问题。

佐藤敏彦

目　　录

第一章 前 处 理

1 硫酸除油为什么选择高温溶液?

如表 1.1 所示,铝合金脱脂清洗的方法各异。表 1.1 的硫酸法在铝材等的清洗中广泛应用。硫酸浓度在 5%～25%之间,浓度低于 5%或者高于 25%会有什么不良影响?

表 1.1　铝材脱脂清洗方法

种类	溶液组成/%	温度/℃	时间/min
有机溶剂法	三氯乙烯 四氯乙烯	室温 蒸汽 煮沸液	
表面活性剂法	肥皂 合成洗涤剂	室温(20)～80	
硫酸法	硫酸 5～25	60～80	1～3
电解法	氢氧化钠 1～2	室温(20)	0.5
磷酸盐法	碳酸钠 磷酸盐 表面活性剂	室温(20)～70	0.5～3
碱性法	氢氧化钠　5～20	40～80	

硫酸浓度低于 5%也能除油,但对铝基材自然氧化膜、油污等的溶解能力下降,除油时间长。从生产效率的角度考虑,5%以下的浓度是不可取的。

那么浓度高于 25%呢?随着硫酸浓度增加,硫酸溶液的黏度也相应增加,铝的溶解能力下降,除油时间变长。此外,高浓度的硫酸溶液除油后,水洗时带出的硫酸量加大。因此,硫酸浓度不在 5%～25%的范围内也能除油,但从工业生产的角度考虑,5%～25%的范围比较合适。

硫酸除油的溶液温度选择在 60～80℃之间。低于 60℃或高于 80℃是否能除油?低于 60℃也能除油,但时间偏长。根据反应速度理论,"一般来说,温度每增加 10℃,化学反应的速度将增加 2 倍"。按照该理论,室温下的除油速度与 60℃时比相差 16 倍。高于 80℃也可以除油,但 80℃以上的高温槽液腐蚀性太强,铝表面会遭到破坏,局部还有变粗糙的可能。另外,80℃以上的高温除油有个很大的缺点，就是会产生大量的水蒸气，致使硫酸溶液浓缩。所以，从工业生产的角度来看，60~80℃的温度范围是最适合的。

2 为什么碱蚀槽液中不再添加葡萄糖酸钠？

在酸性除油槽液和碱蚀槽液中，不单有酸、碱等，通常还会有作为添加剂的有机物加入其中。这类有机物是以表面活性剂、络合剂为代表的添加剂。表面活性剂等往往决定铝材表面的润湿性。因此，在除油槽液和碱蚀槽液中添加表面活性剂使铝材表面易于浸润，确保除油、碱蚀能够均匀进行，有效抑制铝基体与酸、碱的剧烈反应。另外，灰尘和杂质等在表面活性剂作用下，污物分离上浮，显示出洗涤污物的作用。因此会在脱脂、碱蚀槽液里添加适量的表面活性剂。为此，各个公司都拥有自己独特的除油、碱蚀的配方。

络合剂也叫螯合剂。"螯合"一词来源于希腊语"螃蟹"一词。络合剂是与金属离子进行配位结合，使金属离子的性质发生变化的化合物。例如，铵离子是铜离子典型的络合剂。在硫酸铜水溶液中添加碳酸钠，会产生碳酸铜沉淀。但是在硫酸铜水溶液里加入铵离子后，即使再加入碳酸钠，也不会产生碳酸铜沉淀。亦即因铜离子与铵离子发生了络合反应，使铜离子的性质发生了改变。

用碱腐蚀铝时，随着碱蚀槽内铝离子浓度不断增加，会产生氢氧化铝沉淀。沉淀物沉积于槽底变成坚硬的固体。但在碱蚀槽中葡萄糖酸钠的含量达每升数克时，就难以产生氢氧化铝沉淀。因为葡萄糖酸根离子是铝离子的络合剂。在碱蚀槽内添加合适的络合剂，可以得到与葡萄糖酸钠同样的效果。

基于此，以往一直在碱蚀槽液里添加葡萄糖酸钠。但是近年来添加葡萄糖酸钠不再作优先考虑。这牵涉到碱蚀槽液的回收再利用问题。碱蚀槽液中铝离子含量增加时，可采用拜耳法除去并进行再利用。此时，若碱蚀槽内含有葡萄糖酸钠，则不能用拜耳法去除铝离子。

3 为什么表面活性剂或者络合剂有时不能发挥有效的作用？

金属表面处理的关键是选好和使用好表面活性剂或者络合剂。皂液是一种表面活性剂的水溶液，但是加入酸时，油滴就会浮上水面。这是因为油酸根离子变成了油酸，油酸没有表面活性剂的作用。也就是说，表面活性剂或者络合剂有时取决于水溶液的pH值。柠檬酸、酒石酸、葡萄糖酸等可与铝离子形成络合物，但在强酸性溶液中却不能形成络合物。

另外，络合剂对金属离子有着强选择性。铵离子可以与铜离子形成络合物，而与铝离子则不能形成络合物。更有甚者，络合剂与金属离子有可相溶和不可相溶两种情况，如何正确使用非常关键。

4 过去为什么用硝酸除灰？

经过碱腐蚀后的铝材表面会有一层灰黑色的灰状物，这层灰黑色的附着物俗称"挂灰"，挂灰是铝合金中所含的 Si、Mg、Fe、Cu 等杂质元素附着在铝材表面形成的，用含 30% 左右的硝酸溶液即可除去。为什么选择硝酸除灰？可否可用硝酸以外的其他酸？

用硝酸以外的其他酸，比如说用硫酸也可以除灰。但是，与硫酸相比，硝酸可以在短时间内完全除去挂灰。硫酸与硝酸的不同之处在于，硝酸是氧化性的酸，而硫酸不是。一般来说，金属溶解在氧化性的酸性水溶液中比在非氧化性的酸性水溶液中要快。以在海洋里的金属腐蚀为例，靠近海面的金属腐蚀比深海更严重，这是因为深海中氧气含量少，而海面附近氧气含量多。

从"挂灰在氧化性的酸性水溶液中可以完全除去"的原理出发，并非一定得使用硝酸除灰。比如，添加过氧化氢的硫酸水溶液也可除去挂灰。

基于此，硝酸一直都在使用。但是近来硝酸不怎么受青睐了，主要是因为采用硝酸除灰，硝酸根离子（NO_3^-）会带入硫酸阳极氧化槽液中，妨碍阳极氧化的进行。硝酸根离子与氯离子一样，在阳极氧化时都会破坏氧化膜。

5 为什么用化学处理法可以得到"亚光面"？

将铝材放入水溶液中进行处理，如果水溶液中所含的化学药品的种类不同，则其结果会大相径庭。单单是去除污物（脱脂）就有做成光面（化学抛光）和做成非亮光面（腐蚀或者化学亚光面）两种选择。

造成这种差异的原因是什么呢？一般来说，水溶液中金属的腐蚀有全面腐蚀和斑状腐蚀。斑状腐蚀也叫"点腐蚀（pitting corrosion）"，在含氯离子的水溶液中容易产生。

表 5.1 所示是铝化学亚光面处理方法。从表中可以看到，多数是含有氯化物或氟化物的溶液。氯与氟是同族元素，其化学性质相似点很多。氯离子或者氟离子在酸性条件下，因其高正向电极电位，会在金属表面迅速产生点腐蚀[1]。这类离子也会破坏金属表面极薄的自然氧化膜。利用氯离子或氟离子这类特殊的作用，可对金属表面进行亚光面处理，或让其发生均匀的点腐蚀。

---

[1] 译者注：氟离子和氯离子的电极电位与溶液的 pH 值有很大关系，有兴趣的读者可以查阅电极电位-pH 曲线图。

表 5.1　铝化学亚光面处理方法

溶液组成/%	温度/℃	时间/min
氢氧化钠 5～25	50～70	1～10
氟化铵 5～15 硫酸铵 约10	18～20	2～3
氢氧化钠 5～10 氟化钠 4	80～100	1～3
氯化钠 35 氯化钙 4 盐酸 25	20～50	0.5～1
磷酸 50～70 氯化铁 30～50	80～100	1～2
氟化铵 3～5	20～40	1～5

此外，表5.2所示是电解亚光表面处理方法，这种方法溶液里也含较多的氯离子。

表 5.2　铝的电解亚光表面处理方法

溶液组成/%	温度/℃	时间/min	电流密度/(A/m²)
盐酸 5～20	20～60	1～2	10～30
硫酸 1～2 盐酸 0.3	75～80	0.5～1	70
氢氧化钠 8～20 葡萄糖酸钠 20～25	30～80	3～10	10～80
硫酸 50～80 葡萄糖酸钠 0.1～5	60～100	3～10	10～80
硫酸铵 10 氨基磺酸 5 表面活性剂	40	0.5	10
盐酸 1 氯化铝 2	10	—	2～8

6　化学抛光溶液为什么必须使用磷酸或者硝酸？

表6.1所示是化学抛光方法。此方法中溶液里含有磷酸和硝酸。为什么选择磷酸和硝酸？

表 6.1　化学抛光方法

溶液组成/%	温度/℃	时间/min
磷酸 40～80 硝酸 2～10	80～100	0.5～4

溶液组成/%	温度/℃	时间/min
磷酸 60 硝酸 20 醋酸 20	100～	1～5
磷酸 70～80 硝酸 3～5 醋酸 5～15 氯化铜 0.05～1	90～	1～5

根据相关金属表面处理的教科书记载，为了进行化学抛光和电解抛光，铝-抛光溶液界面须有一层固体膜和黏液膜（图 6.1）。从化学抛光的机制分析，以下两点很重要。

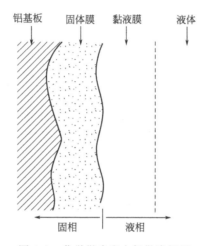

图 6.1　化学抛光和电解抛光机理

（1）一方面，基于高温状态下酸的氧化作用，在铝表面生成氧化膜；但另一方面基于酸的溶解作用，氧化膜被溶解。如此反复，氧化膜的生成和溶解作用之间保持平衡，得到平滑的、光反射率大的表面。

（2）另外，黏度高的酸溶解了铝表面以后，铝表面附近生成的金属盐向液体中缓慢扩散，其浓度梯度在凸出处的表面变陡，在凹陷处变缓，结果就产生平滑化的抛光作用，从而得到亮光面。

从以上分析中可以明确，从氧化作用来说，必须要有硝酸，从高黏度酸来说，磷酸也是必要的。从这个概念出发，硝酸-丙三醇-过氧化氢之类的混合水溶液也可以作为化学抛光的溶液。事实上，市场上也有售含过氧化氢的混合水溶液的化学抛光液。

含有硝酸的化学抛光溶液产生的黄烟是氮氧化物气体（NO_2 及 NO_x），化学反应

$$HNO_3 \longrightarrow H_2O + NO_2 \uparrow$$

氮氧化物是有毒的气体，对大气会产生污染。

7 电解抛光为什么必须在高电流密度下进行？为什么铝阳极必须振动？

阳极氧化是在每平方分米 1A 至几安的电流密度下进行的，如表 7.1 所示。与阳极氧化相比，电解抛光是在几倍至几十倍的电流密度下进行的。低电流密度能否进行电解抛光？

表 7.1　铝电解抛光方法 ❶

溶液组成/%	温度/℃	时间/min	电流密度/(A/m²)
磷酸 84	60	4～20	20～80
无水碳酸钠 15 磷酸钠 5	80	5	4～17
硫酸 4～15 磷酸 40～80 铬酸 0.2～9	70～90		

金属的阳极溶解过程是金属变成金属离子的过程和溶解掉的金属离子从金属表面逐渐扩散到溶液中的过程。阳极的电流密度小，溶解掉的金属离子量就少，金属离子立即扩散到溶液中去，这种状况下不能进行电解抛光。另外，阳极电流密度大，金属表面产生大量的金属离子。这些金属离子不能及时扩散到溶液中去，在金属表面形成浓的金属离子相。因这些浓的金属离子相的存在才得以进行电解抛光。因此，对电解抛光来说，高电流密度是必要条件。

有关振动方面中山孝廉做了如下的解释：

"如果以磷酸作为电解液，在静止阳极，正常进行普通电解抛光操作时，在电压上升状态下的阳极有绝缘性强的微气泡连续不断地急速冒出，附着在铝材表面。在静止状态下的电解抛光，由于电流优先通过绝缘性弱的部位进行电解，导致电流能通过的表面变少的情况出现。因此，被电解抛光过的铝表面形成的是凸凹的、散射的面，而不是镜面。阳极面电流随时都与细密绝缘强泡层和溶液黏度相关（取决于电解溶液的黏度和电极的形状等而有所不同），振动让其脱落以便继续电解抛光。因此，电解抛光过程中的振动使铝工件摆脱密度高、绝缘性强的泡沫层，使电流连续通过，电解抛光得以继续进行。"

---

❶ 译者注：欧洲汽车部件的电解抛光工艺通常采用含磷酸、硫酸和微量抑制剂的环保配方替代以前含铬酸或硝酸的传统配方，工艺温度 60～70℃，电流密度 15A/dm²（峰值电流密度），时间 4～12min。电流输出的稳定性和精准性对工件光亮度和生产效率的影响很大，很多国内外汽车行业的零部件供应商选用德国 MUNK 的电源。

第二章　阳极氧化膜的生成和特点

8　在铝表面为什么能生成氧化膜？

　　铝和氧有非常强的化学亲和性，所以很容易变成氧化铝。即便是仅仅把铝暴露在空气中，铝的表面也能形成几十埃（$1\text{Å}=10^{-8}\text{cm}=10^{-10}\text{m}$）左右的薄氧化膜，这层氧化膜也称作"自然氧化膜"，自然氧化膜的厚度非常小，所以难以作为防腐蚀保护膜使用。

　　以铝为阳极，让其在某种水溶液中进行电解，铝表面就会生成氧化膜。这一电解叫作"铝阳极氧化"。值得注意的是，铜、铅等大多数金属进行阳极电解时，仅仅是出现金属溶解而不能生成氧化膜。

　　根据铝阳极氧化电解溶液的种类的不同，氧化膜可分为"壁垒型氧化膜"和"多孔型氧化膜（即阳极氧化膜）"。铝在硼酸-硼酸钠混合溶液（pH值5～7）或者酒石酸铵溶液（solutions of ammonium tartrate）、柠檬酸（citric acid）、马来酸（maleic acid）、乙醇酸（glycolic acid）等的中性水溶液中进行阳极氧化时，可以生成壁垒型氧化膜。因这类水溶液溶解铝氧化膜的能力很弱，进行阳极氧化时可以得到极细且薄的氧化膜。壁垒型氧化膜的厚度取决于阳极氧化的电压。用高电压进行阳极氧化就生成厚的氧化膜。但阳极氧化的电压也不能无限大，极限范围在500～700V之间。超过了这个电压范围，铝表面会产生火花放电，绝缘层被破坏。因此，极限电压也称作击穿电压。壁垒型氧化膜厚度不受电解时间或者电解溶液温度影响，这一点与阳极氧化膜（多孔型氧化膜）不同。壁垒型氧化膜主要是作为电子部件的电容器使用的。

　　铝在硫酸、铬酸、磷酸、草酸等的酸性水溶液中阳极氧化时生成多孔型氧化膜。在弱碱性水溶液中也可以生成多孔型氧化膜，但是没有太多的工业应用价值。多孔型氧化膜也叫双层氧化膜。在此，明确将"壁垒型氧化膜"和"多孔型氧化膜"进行区分。将"多孔型氧化膜"和"氧化膜多孔层"也进行区别。图8.1所示为壁垒型氧化膜和多孔型氧化膜的结构示意图。多孔型氧化膜是由图8.1中的多孔的氧化膜（多孔层）和致密的氧化膜（阻挡层）组成的双层氧化膜。多孔层的厚度是由电解时间、电流密度、电解液温度等决定的。电解时间越长、电流密度越大，多孔层越厚。即通过的电量（电流密度和电解时间的乘积）越大，多孔层越厚。但是，比根据法拉第（Faraday）定律（由电解生成的重量与通过的电量成正比）计算所得的氧化膜厚度要小。图 8.2 所示为氧化膜厚度理论值与实际值的差异。

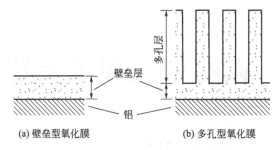

图 8.1 壁垒型氧化膜和多孔型氧化膜结构示意图（阳极氧化膜）

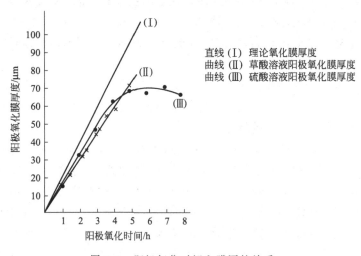

直线（Ⅰ）理论氧化膜厚度
曲线（Ⅱ）草酸溶液阳极氧化膜厚度
曲线（Ⅲ）硫酸溶液阳极氧化膜厚度

图 8.2 阳极氧化时间和膜厚的关系

电解液温度低，氧化膜的成长性好，并且能生成硬质氧化膜。已经实用化的"硬质氧化膜"是在 0℃左右的硫酸溶液里阳极氧化生成的氧化膜。电解液温度在 60～75℃的高温时，生成的是又薄又软的氧化膜，有时也呈电解抛光后的表面。

9 铝阳极氧化膜上为什么有微孔?

将铝放入硫酸溶液中以定电压进行电解，电流-时间曲线如图 9.1 所示。我们把图 9.1 曲线按物理化学的方法将 a～d 区域分开来考虑。a 区在铝表面生成均匀且薄的阻挡层；b 区由于阻挡层的厚度增加，形成凸凹不平的表面，因此，电流密度不均匀，即凹部电流密度变大，凸部电流密度变小；在电流密度大的凹部因电场（场致溶解）和电解溶液溶解作用而产生微孔，有的微孔消失，而有的微孔变成了更大的微孔，此反应阶段的电流-时间曲线就是 c 区；在 d 区微孔数稳定不变，微孔的深度也越来越深。逐渐形成阳极氧化膜上的微孔。

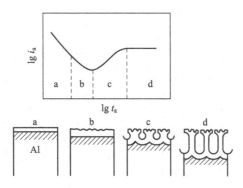

图 9.1　铝阳极氧化由壁垒型氧化膜向多孔型氧化膜转变的电流-时间曲线

阳极氧化膜的结构模型有"Keller 模型"和"Murphy 模型"两种。

把阳极氧化膜（磷酸，120V）放在电子显微镜下观察，Keller 阳极氧化膜构造如图 9.2 所示，为六角形柱状体，所以 Keller 模型也叫作"六角柱模型"。Murphy阳极氧化膜构造模型如图 9.3 所示，为铝化合物的胶状粒子集合体。阳极氧化膜的表面是含水量多的胶状物，内层是含水量少的胶状粒子集合体。Murphy模型也称为胶状粒子集合体。

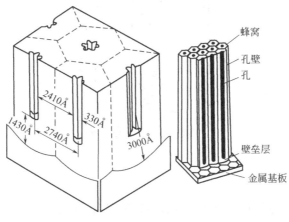

图 9.2　Keller 模型（1Å$=10^{-10}$ m）

比较两种模型的可靠性，Keller 模型有一定的"定论"，说明某种现象时用Keller 模型比较贴切。但 Murphy 模型也有其用处。

英国曼彻斯特大学（the University of Manchester）的 Wood 教授提出了一种氧化膜构造模型，见图 9.4。

Wood 模型的黑的粗线部分是不含电解质阴离子的细密氧化物层，圆黑的单元胞是含有很多电解质阴离子的铝胶状的粒子层。Wood 教授所倡导的模式，是将阳极氧化膜放在电子显微镜下进行观察和利用仪器分析相结合的方法得到的实验结果。总体上来说，他的方案是"Keller 模型"和"Murphy 模型"的折中方案。

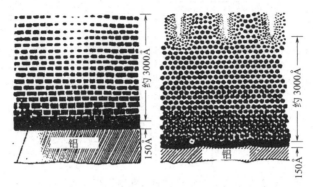

图 9.3　Murphy 模型（$1Å=10^{-10}$ m）

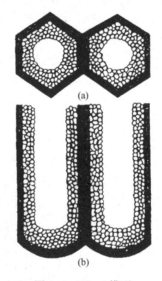

(a)

(b)

图 9.4　Wood 模型

10　为什么电解条件不同阳极氧化膜孔数会不同？

阳极氧化膜的孔壁越厚，阳极氧化膜孔的数量越少。如图 10.1 所示，阻挡层隆起时产生了孔壁，阳极氧化膜的孔壁厚度是阻挡层厚度的 2 倍。在此将电解条件和阻挡层厚度关系做个说明。

壁垒型阳极氧化膜的厚度取决于阳极氧化电压。阻挡层厚度除以相应的阳极氧化电压的结果称为"阻挡层成膜率"。据报道，铝的壁垒型阳极氧化膜成膜率是 13.0Å/V、13.5 Å/V、13.7Å/V 等值，通常采用近似值 14Å/V。

其他材料表面阻挡层成膜率，钽是 16Å/V，铌是 22Å/V，锆是 22～27Å/V，钨是 18Å/V，硅是 3.8Å/V。

铝的多孔型阳极氧化膜的阻挡层成膜率如表 10.1 所示。硫酸阳极氧化时，因

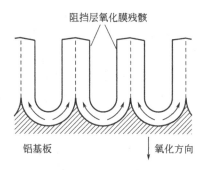

图 10.1 由阻挡层残留生成的多孔膜

阻挡层成膜率是 10.0Å/V，所以在 15V 生成的硫酸阳极氧化膜的阻挡层厚度是 10.0Å/V×15V＝150Å，硫酸阳极氧化膜的孔壁厚是 150Å×2＝300Å。在 50V 生成的草酸阳极氧化膜的阻挡层厚度是 11.8Å/V×50V＝590Å，孔壁厚度是 590Å× 2＝1180Å。

表 10.1　几种阳极氧化膜的阻挡层成膜率❶

电解溶液	阻挡层成膜率/(Å/V)
15%　硫酸溶液(10℃)	10.0
2%　草酸溶液(24℃)	11.8
4%　磷酸溶液(24℃)	11.9
3%　铬酸溶液(38℃)	12.5

表 10.2 是在不同的阳极氧化电解条件下研究阳极氧化膜膜孔数的变化结果。

表 10.2　阳极氧化膜的膜孔数

电解条件		孔数/(×10⁹个/cm²)
15%硫酸溶液 10℃	15V	76
	20V	52
	30V	28
2%草酸溶液 25℃	20V	35
	40V	11
	60V	6
3% 铬酸溶液 50℃	20V	22
	40V	8
	60V	4
4% 磷酸溶液 25℃	20V	19
	40V	8
	60V	4

---

❶ 译者注：原文为阻挡层厚度，实际上描述的是阻挡层成膜，因此这里修改为阻挡层成膜率。

据此，对硫酸溶液中形成的阳极氧化膜做如图10.2所示的描述，以便于记忆。如果将阳极氧化膜孔径和孔长的关系类比于高2m、深1km洞穴，基于此，离子或分子钻进阳极氧化膜的孔内，如同狗、猫钻进洞穴里一样。另外，阳极氧化膜里微孔的数量，$1cm^2$的阳极氧化膜的孔数，把整个地球的所有人一人一个孔装进去，也就只能装进不到10％的孔，余下的超过90％的孔里面都是空的。

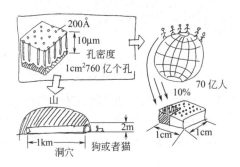

图10.2　硫酸溶液阳极氧化膜构造描述

11　为什么电解条件不同阳极氧化膜的特性也不同？

可以说，原因是多种多样的，归结起来主要有：氧化膜结构不同、结晶的组成不同、混入氧化膜的电解质不同，以及含水量不同四方面原因。有关阳极氧化电解条件不同造成氧化膜构造的不同，前面已有叙述。

有关阳极氧化电解条件的不同造成阳极氧化膜结晶的组成变化，有如下事实：阳极氧化膜的主要成分是 Al_2O_3，根据铝原子与氧原子结合的配比，有 $\alpha-Al_2O_3$、$\gamma-Al_2O_3$、$\beta-Al_2O_3$ 等各种形态；但阳极氧化膜不是纯粹的铝化合物，是非晶态 Al_2O_3。据对壁垒型阳极氧化膜进行研究，有研究报告认为是 $\gamma-Al_2O_3$。$\gamma-Al_2O_3$ 是非晶态 Al_2O_3 和结晶态 Al_2O_3 的中间物质。也有报告认为在非晶态 Al_2O_3 中分散着结晶态 $\gamma-Al_2O_3$。还有报告认为非晶态 Al_2O_3 中混入了结晶态 $\gamma-Al_2O_3$ 和水合氧化铝。图11.1所示为铝原子与氧原子的环状高分子化合物。有报告认为与 As_2O_6 具有相同的结晶结构，也有报告说是类似于 Fe_3O_4 尖晶石的结晶结构。

有研究者的实验报告将阻挡层作为均匀层来说明解释，也有研究者将阻挡层作为非均匀层来考虑的。将阻挡层作为非均匀层来研究的学者认为，非晶态 Al_2O_3 中除了分散有结晶态 $\gamma-Al_2O_3$ 以外，阻挡层的外层即使是非晶态的，其内层也是结晶态的。外层因与电解液的液面接触而产生水合反应。其后，内层由于有类似电渗透的电场作用，产生脱水反应。因此，与将阻挡层作为均匀层来考虑相比，将其看成多层构造的氧化膜更为妥当。

在此列出其他的研究成果。常温电解液中的阳极氧化膜是随机性非结晶铝，溶液温度高时结晶态增加。氧化膜厚度增加、用高压电进行阳极氧化、在稀电解

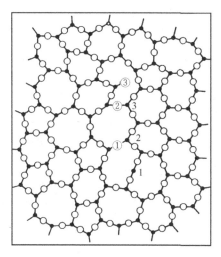

图 11.1　铝原子与氧原子的环状高分子化合物

溶液中进行阳极氧化，或进行交流氧化时，结晶性相对变好。例如，在 100V 以下阳极氧化生成的壁垒型阳极氧化膜仅仅是非晶态 Al_2O_3，而 100V 以上生成的阳极氧化膜除了非晶态 Al_2O_3 以外，γ-Al_2O_3 存在也得到了确认。研究报告显示，壁垒型阳极氧化膜是环状高分子量的 Al_2O_3，多孔型氧化膜是链状高分子量的 Al_2O_3。

有关阴离子掺入氧化膜中，以下几点已得到确认。混入壁垒型阳极氧化膜中的阴离子只是少量的。在硼酸-硼酸钠混合溶液或者乙烯乙二醇-硼酸铵混合溶液中阳极氧化的壁垒型氧化膜中掺入硼酸量是 1%。

多孔型氧化膜的阴离子掺入量超过 10%。有报告称，用硫酸电解液生成的多孔型氧化膜含硫酸根在 17% 以上，或者说 SO_3 的含量超过 13%。阴离子的含量因电解条件不同而不同。溶液温度低或者电流密度大时，其硫酸根含量增加。有学者认为，在溶液温度低时阳极氧化得到的氧化膜所含硫酸根多的原因，与反应式 (11.1) 有关。

$$SO_4^{2-} \longrightarrow SO_3 + O^{2-} \tag{11.1}$$
　（氧化膜表面）　　（水溶液中）　　（氧化膜中）

反应式(11.1) 如果是在高温溶液的情况下，氧化膜中的硫酸根含量是减少的。

也有人对氧化膜中存在的硫酸根的结合状态进行了研究。对含有 13% SO_3 的氧化膜进行长时间水洗后的化学分析发现，SO_3 含有量变成了 8%。因此可以说 8% 的 SO_3 存在于氧化膜内，13% 与 8% 所相差的 5% 的 SO_3 是弱吸附于氧化膜表面，或者是认为在多孔质层膜孔中残存的硫酸根。前者称为"结合阴离子"，后者称为"自由阴离子"。

厚度 6μm 以上的氧化膜中含有 13% 的 SO_3，厚度在 60μm 以上的超厚氧化膜则只含有 8% 的 SO_3。

在磷酸或者草酸溶液中阳极氧化形成的多孔型氧化膜中，磷酸根或者草酸根的含量与在硫酸溶液中生成的氧化膜相同，在 5%～15% 之间。实验结果显示，这类多孔氧化膜里的阴离子含量是几乎相同的：①在氧化膜中硫酸根、磷酸根、草酸根移动的难易程度几乎相同；②由于几乎相同的结构，在这类电解液中阻挡层与多孔层之间的过渡层几乎是相同的。

有研究提出氧化膜中阴离子含量不均匀的观点，其浓度分布如图 11.2 所示。即，在阻挡层的中央或者孔壁的中央部位分布有更多的电解质阴离子。

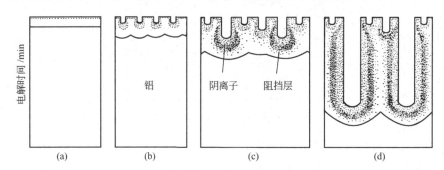

图 11.2　生成的氧化膜中阴离子分布变化

有关阳极氧化氧化膜中含水量有以下事实得到了确认。铝氧化膜中，壁垒型阳极氧化膜和多孔型阳极氧化膜中的含水量有明显不同。一般来说，壁垒型阳极氧化膜是无水氧化物，而勃姆体（AlOOH）氧化膜的含水量是 2.5%。

据相关报告，在硫酸溶液和草酸溶液的多孔型氧化膜中，按体积比计算，含水量是 15%，或者说硫酸氧化膜含水量是 1%～6%，草酸氧化膜里为形成 $2Al_2O_3 \cdot H_2O$ 而含有所需要的含水量。铬酸氧化膜接近于无水 Al_2O_3 状态。最近的研究报告表明，在硫酸溶液中交流氧化生成的氧化膜含水量比通常的直流阳极氧化膜要多。

含水量的值多种多样，但是无论如何氧化膜中的水都不是以吸附状态存在的，而是氢氧化物或者是水合氧化物的形态。

综上所述，氧化膜的结构、晶态结构、电解质混入量、含水量等随阳极氧化电解条件的不同而改变，氧化膜的特性也随之改变。

12　为什么阳极氧化膜难以通过电流？

电镀的负向电压有几伏就够了，阳极氧化则需要从十几伏到几十伏的电压。生成阳极氧化膜时的电流有离子电流和电子电流两种，对两者要加以明确的区分。

氧化膜的生成是由离子电流完成的。考虑到离子的电传导原理，必须区分弱电场下的离子传导和强电场下的离子传导两种情况。弱电场下的离子传导是离子逆电场方向的移动。而强电场下的离子传导则没有离子逆电场方向移动的情况出现。阳极氧化时，单位电压的阻挡层成膜率是 10Å/V，阳极氧化是在电场强度为 10^7V/cm 的强电场条件下进行的，因此，阳极氧化时只考虑强电场下的离子传导即可。在强电场下的阴离子或者阳离子的离子电流见公式（12.1）。公式（12.1）不是理论公式而是实验公式。

$$i = A\exp(BE) \tag{12.1}$$

式中，i 是离子电流密度；E 是电压强度；A 和 B 是常数。公式（12.1）表示施加在氧化膜上的电压变大的时候，离子电流呈指数级放大。在电阻上增加电压时，电流与电压成线性关系，这是众所周知的欧姆定律。离子传导不遵从欧姆定律。公式（12.1）的实质是暗示在离子传导时，电阻的大小是由离子电流密度决定的。铝-氧化铝-水溶液系界面，离子移动的电阻主要存在于以下三个地方：①铝-氧化铝界面；②氧化铝层的主体；③氧化铝-水溶液界面。这三处的最大电阻决定了离子传导速度的速率曲线。例如，图 12.1 所示为氧化膜阻挡层中分散的离子移动速率测定曲线。也有与图 12.1 所示不同的速率曲线的理论。离子传导的主要理论有：Cabrera-Mott 理论、Verwey 理论、Dewald 理论、Dignam 理论，等等。

另外，阳极氧化中的电子传导几乎可以忽略，但在某种实验条件下电子传导起重要作用。比如，据说发生阳极氧化的"退火"或者生成合金阳极氧化时的发光现象是由电流引起的。研究电子传导时氧化膜物性是重要因素之一。

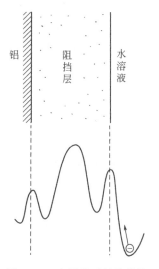

图 12.1　离子移动趋势曲线

纯粹的氧化铝带隙为几电子伏至十几电子伏，对于电子传导来说是绝缘体。可是，阳极氧化膜不完全是氧化铝，因氧化膜中多有混入电解质阴离子，也有说成是准不纯物多的半导体。因此，也有考虑用半导体的传导结构来解释说明在铝阳极氧化膜中电子传导方法的。可是，将单结晶半导体的传导构造直接适用于非晶质的阳极氧化膜是有问题的。当前，物理学领域划分细致化，将其按非晶质半导体理论来进行研究更为重要。

有关阳极氧化膜电子电流的 Vermilyea 理论是重要的理论。Vermilyea 认为氧化膜整流作用是因为氧化膜上存在弱点。高纯度铝上形成的氧化膜并不一定是厚度均匀的氧化膜，存在弱点，这点就是"瑕疵"。瑕疵的直径与氧化膜的阻挡层厚度是相同的等级，瑕疵部分的阻挡层厚度仅相当于正常阻挡层厚度的一半。像这样的瑕疵部分电子传导良好。曼彻斯特大学 Wood 教授提到受 Vermilyea 理论中"瑕疵的想法"启发用浅田法着色阳极氧化膜而形成孔中金属离子的沉积。

13 为什么可以测量非常薄的阻挡层的厚度？

用光学显微镜（400 倍左右倍率）可准确地测量出阳极氧化膜（多孔型阳极氧化膜）的厚度。从几微米到几十微米，可以精确到 $1/10\mu m$。简便的测量方法有涡流测厚仪法。涡流测厚仪可简单直接地对氧化膜进行测量。

阻挡层的厚度是 $100\sim1000Å$，是阳极氧化膜厚度的 $1/1000$ 左右，所以用光学显微镜是无法测量的。一般来说，观察细小的东西我们很快就会想到电子显微镜，用电子显微镜来测量阻挡层的厚度分辨率不够。通常的电子显微镜精确度极限是 10 Å 左右，可测量阻挡层厚度的精度应该在 $1/10\sim1Å$ 之间。其实电子显微镜虽然不能完全满足精度要求，但实际应用中多使用电子显微镜测量阻挡层厚度。除使用电子显微镜测量外，还有以下的测量方法。

① 电解电量计算法；

② 光反射法；

③ 椭偏成像显微法；

④ 电容法；

⑤ 阴极还原法；

⑥ Hunter 法；

⑦ 其他方法。

以上测量方法中的电容法和 Hunter 法因为简单而被广泛使用。电容法是将阳极氧化膜浸入硼酸铵或者酒石酸铵当中，用测定电阻的仪器来测量电容量的方法。电容量（C）的计算见式（13.1）。

$$C = \frac{\varepsilon S}{4\pi d} \tag{13.1}$$

式中，π 是圆周率（约为 3.1415）；d 是阻挡层厚度；ε 是介电常数（dielectric constant）（$\varepsilon \approx 8$）；S 是阳极氧化膜的表面积。测量出来 C 和 S 的值后，用公式（13.1）就可算出阻挡层厚度。从公式（13.1）可以看出，C 值大，意味着阻挡层薄；反之，C 值小，意味着阻挡层厚。C 和 d 成反比关系。

在此介绍电容法测量阻挡层厚度的研究实例。曼彻斯特大学 Wood 教授在硝酸银-硫酸混合溶液中，通过浅田法电解着色草酸阳极氧化膜后，用电容法测量阻挡层的厚度是如何变化的。图 13.1 为浅田法电解着色时间和阳极氧化膜的电容量的关系。在硝酸银-硫酸混合溶液中用浅田法电解着色阳极氧化膜时，阳极氧化膜的电容量变化如图 13.1 中的曲线 1 所示。电容值增加到一定值后保持不变。即，用浅田法电解着色草酸阳极氧化膜后，其阻挡层变薄。草酸阳极氧化膜如果在硫酸溶液中交流电解氧化，电容量的变化如图 13.1 中的曲线 2 所示。这时草酸阳极氧化膜阻挡层厚度也变薄了。因在硫酸溶液中草酸阳极氧化膜进行了交流氧化，草酸阳极氧化膜的阻挡层在硫酸溶液中交流电解时产生变化的缘故，阻挡层厚度减少了。根据曲线 1 和曲线 2 表现几乎相同的趋势看，草酸阳极氧化膜在硝酸银-硫酸混合水溶液中进行浅田法电解着色时，草酸阳极氧化的阻挡层变化，与在硫酸溶液中再次交流阳极氧化的变化的情况就很相似了。

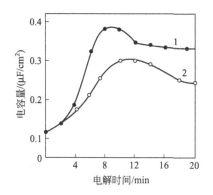

图 13.1　在硝酸银-硫酸溶液中浅田法电解着色的
草酸阳极氧化膜的电容量变化

用电容测量法对绝缘物薄膜的厚度进行测量，在阳极氧化行业以外也得以使用，是一种常用的薄膜测量方法。与此对应的是，Hunter 法是只应用于阳极氧化行业的特殊测量方法，作为阳极氧化行业的专业人士务必对此测量法有所了解，这是阳极氧化研究论文引用最多的阻挡层测量方法。图 13.2 所示表示的是 Hunter 法测量装置。将在 15V 生成的壁垒型氧化膜，装在图 13.2 的装置上，对其施加电

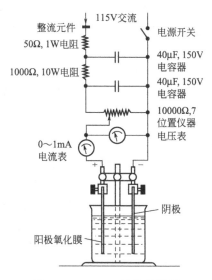

图 13.2　Hunter 法测量装置

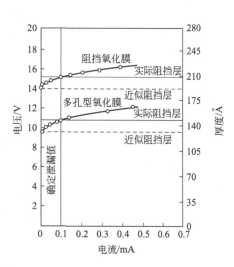

图 13.3　用 Hunter 法测量阻挡层厚度的方法

压，可得到如图 13.3 所示的曲线。此时，对极使用与样板同样纯度的铝板。图 13.3 曲线上 15V 对应的电流叫渗透电流❶。图 13.3 中，渗透电流是 0.1mA。然后，将采用常规硫酸阳极氧化形成的多孔型氧化膜的样板装在图 13.2 所示的装置上并施加电压，得到如图 13.3 所示的曲线。这个渗透电流和曲线交叉处的电压（图 13.3 的情况下是 11V）就是俗称的"Hunter 电压"。Hunter 电压乘以 14Å/V 得到的计算值（11V×14Å/V＝154Å）就是硫酸阳极氧化膜的阻挡层厚度。图 13.4 是 Hunter 法的应用实例。图 13.4 所示为硫酸阳极氧化膜的氧化时间与阻挡层厚度变化的关系曲线。可以看出，阳极氧化电解开始的前 24s 阻挡层厚度有着复杂的变化，24s 后阻挡层厚度趋于稳定。

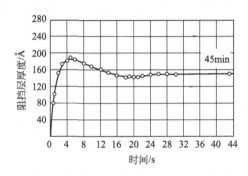

图 13.4　硫酸阳极氧化膜阻挡层厚度的变化

14　硝酸或者甲酸溶液中为什么不能生成阳极氧化膜？

阳极氧化膜是硫酸、磷酸、铬酸等无机酸溶液或草酸等有机酸溶液中进行阳极氧化而生成的。但是，在硝酸或者甲酸等酸溶液中不能生成阳极氧化膜。有一种是说法是"单质子酸不能生成阳极氧化膜"。单质子酸是只有一个 H^+ 的酸。硝酸或者甲酸是单质子酸。硝酸的电离式为：$HNO_3 \Longrightarrow H^+ + NO_3^-$，甲酸的电离式为：$HCOOH \Longrightarrow H^+ + HCOO^-$，只有一个 H^+。与此相对应的是，硫酸的电离式为：$H_2SO_4 \Longrightarrow H^+ + HSO_4^-$，$HSO_4^- \Longrightarrow H^+ + SO_4^{2-}$，有 2 个 H^+，也叫二质子酸。

为什么单质子酸不能生成阳极氧化膜？图 14.1 有解答说明。在硫酸溶液中，H_2SO_4 电离成 HSO_4^-。HSO_4^- 进入阻挡层后，如图 14.1(b) 所示，电离成 H^+ 和 SO_4^{2-}。阻挡层中的 H^+ 是质子，在阻挡中形成质子空间充电层。质子空间充电层的存在对阳极氧化膜的成长很有必要。磷酸溶液则如图 14.1(c) 所示，阻挡层中的 $H_2PO_4^-$ 电离成 H^+ 和 HPO_4^{2-}，进一步电离成 H^+ 和 PO_4^{3-}。此时在阻挡层中形

---

❶ 译者注：渗透电流也称漏电电流。

成质子空间充电层。草酸溶液及铬酸溶液也是如此，图14.1(b)和图14.1(c)为在阻挡层中形成质子空间充电层的反应机理。

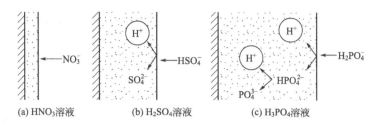

(a) HNO₃溶液　　　(b) H₂SO₄溶液　　　(c) H₃PO₄溶液

图 14.1　单质子酸不能生成阳极氧化膜的原因

但是，如图14.1(a)所示，硝酸类的单质酸在阻挡层中不能形成质子空间充电层，意味着不能生成阳极氧化膜。

还有，在中性溶液和弱碱性溶液中的硫酸阴离子和草酸阴离子与单质酸阴离子一样，会破坏阳极氧化膜的阻挡层。为何？因为硫酸阴离子不是 HSO_4^-，而是 SO_4^{2-}，草酸阴离子不是 $HC_2O_4^-$ 而是 $C_2O_4^{2-}$。因 SO_4^{2-} 阴离子和 $C_2O_4^{2-}$ 阴离子等无法在阻挡层中释放出 H^+，与单质酸阴离子一样破坏了阳极氧化膜的阻挡层。这一点对理解阳极氧化膜电解着色和电泳涂装的反应原理非常重要。由于交流电解着色的正半波电压使阻挡层变厚，同时 SO_4^{2-} 破坏了阻挡层。随后，施加交流电解负半波电压时，电流流过被破坏掉的阻挡层时，电子电流使金属离子沉积。电泳涂装时，因施加较高的正电压而使阻挡层变厚，同时残存在阳极氧化膜孔中的 SO_4^{2-} 阴离子破坏了阻挡层，形成了电子电流。在这个场所里发生了水的阳极分解反应（$2H_2O \longrightarrow O_2 + 4H^+ + 4e$），阳极分解反应产生的氢离子和电泳涂料发生中和反应，形成电泳涂膜。

很多人没有意识到阳极氧化膜中阳极电离出来的 SO_4^{2-} 破坏了阻挡层的作用，其实这个作用非常重要。如果 SO_4^{2-} 不破坏阻挡层，那么，电解着色、电泳涂装等在阳极氧化膜上的表面处理法均无法实现。

15　为什么不能生成非常厚的阳极氧化膜？

在硫酸溶液中电解 1h 可以生成 $20\mu m$ 厚的阳极氧化膜。那么电解 20h 是否就可以生成 $400\mu m$ 厚的阳极氧化膜呢？答案是不能。阳极氧化膜厚度是有极限的。

因电解条件不同，其极限厚度值也不同，存在极限厚度的原因见图15.1。将铝通电后，如图15.1(a)所示，首先在铝上面形成阻挡层。接着，如图15.1(b)所示，阻挡层因多孔化而生成多孔层。随着电解时间推移，多孔层厚度几乎直线上升。但是，电解时间进一步加长，上层电解初期生成的阳极氧化膜一直在电解溶液里长时间浸泡，发生溶解后使孔壁变薄。中间部分的阳极氧化膜浸泡时间较短，孔

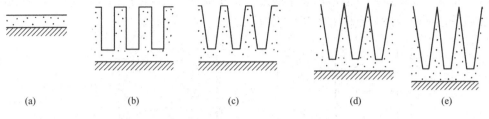

(a)　　　　　(b)　　　　　(c)　　　　　(d)　　　　　(e)

图 15.1　随着电解进行阳极氧化膜层变化截面图

壁溶解较少。因此，其阳极氧化膜的断面几何形状不是圆柱状而是倒圆锥状的孔，见图 15.1(c)。继续延长电解时间，表层阳极氧化膜孔壁明显溶解而成针状。如图 15.1(d) 所示，经过更长时间电解，最上层因溶解而消失。其后，紧挨着最上层的下面那层再被溶解成针状，见图 15.1(e)。随着电解继续进行，底部即使产生新的阳极氧化膜层，由于表层的氧化膜在不断地溶解而消失，极限厚度状态就如此这般一直保持下去了。

　　另外，有关氧化膜溶解有 Pore Widening 理论（孔扩大理论）和 Pore Shortening 理论（孔垂直溶解理论）两大理论。英国的 Diggle 博士主张 Pore Shortening 理论，认为如图 15.2(a) 所示，电解结束后的阳极氧化膜在电解液中浸泡时，其溶解由阳极氧化膜上层开始，阳极氧化膜机械性磨损变薄的状况也是如此。对此，北海道大学的永山政一教授主张 Pore Widening 理论，认为浸泡在电解液中的阳极氧化膜溶解，其孔壁全都是均匀进行的，阳极氧化膜的溶解就像将砂糖放入水中时，不是慢慢地由立方体变小，而是保持一定大小的立方体逐渐减小并在某个时点无法保持立方体而崩溃掉，图 15.2(b) 是 Pore Widening 理论的模式图，图 15.1 也是 Pore Widening 理论描绘的模式图。至今，永山政一教授有关 Pore Widening 理论普遍认为是正确的，但因实验条件不同，永山理论也有不恰当的地方。比如用 Pore Widening 理论难以解释的是，阳极氧化膜的耐腐蚀性因阳极氧化膜的厚度增加而变好的事实。

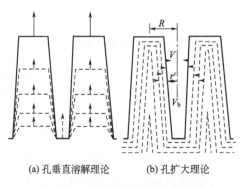

(a)孔垂直溶解理论　　　(b)孔扩大理论

图 15.2　阳极氧化膜的化学溶解

　　有关阳极氧化膜的溶解现象还有一个重要的事情要强调，阳极氧化膜的溶解有

"化学溶解"和"电化学溶解"两种类型的溶解过程。电解结束后浸泡在溶液中的阳极氧化膜的溶解称作"化学溶解"。阳极氧化膜电解过程中发生的多孔层的溶解也称作"电化学溶解"。为何有此说法？因为即便是电解中的阳极氧化膜，其多孔层也是几乎没有电场作用的，所以与电解结束后阳极的氧化膜状态是相同的。硫酸溶液中的阳极氧化膜化学溶解速度是 1Å/min。还有，上述的 Pore Widening 理论和 Pore Shortening 理论研究探讨的都属于"化学溶解"。

另外，电场对阳极氧化电解中的阻挡层起着作用。这种情况下阻挡层的溶解是电解液的化学溶解力和电场的电化学溶解力两者共同作用的。这样的阻挡层溶解也叫"电化学溶解"。在此要特别注意的是，"电化学溶解"并不一定是与"电子相关的溶解"的意思。严格意义上来说，"电化学溶解"是"受到电场影响的溶解"的意思。因此英文不是"Electrochemical dissolution"而是"Field assisted dissolution"。

阳极氧化膜的电化学溶解是仅仅发生在阻挡层的溶解现象，阻挡层的电化学溶解是阻挡层多孔化的必要条件。电化学溶解的速度是化学溶解速度的几十倍至几百倍。

16 为什么在阳极氧化膜电解中电压急速下降时没有电流通过？

给电阻值为 2Ω 的电阻施加 15V 电压，根据欧姆定律，有 $i=V/R=15/2=7.5$（A）的电流通过。此时如果将电压由 15V 急速下降到 5V，根据欧姆定律，有 $i=V/R=5/2=2.5$（A）的电流通过。

同样的试验应用于铝阳极氧化时，与在电阻上试验得到的结果完全不同。如图 16.1 所示，在 15V 进行阳极氧化时，有电流 i_1 通过且有阳极氧化膜生成。此时让电压急速降至 5V，瞬时电流便会跌到接近于零，经过 T 分钟后对应于 5V 电压的电流 i_2 又恢复。图 16.1 中急速降低电压，电流瞬时值接近于零，但经过 T 分钟后电流又恢复流动的现象叫"阳极氧化的电流恢复现象"，这在铝的阳极氧化中是非常重要的，电流 i_2 再次恢复的时间（T）叫电流恢复时间。

有关电流恢复时间（T）以下几点已得到证实：

① 电压变化量 V_1 和 V_2 之间的差值越大，电流恢复时间（T）越长；

② 电压缓慢下降时电流恢复时间非常短；

③ 电解液温度越高，电流恢复时间越短；

④ 电解液浓度越高，电流恢复时间越短；

⑤ 电流恢复时间与阳极氧化膜的厚度无关；

⑥ 电解液是否搅拌与电流恢复时间无关；

⑦ 电流恢复时间短至数秒，长至数小时。

有关电流恢复现象的解释有 Murphy 理论和永山理论。Murphy 是电流恢复现

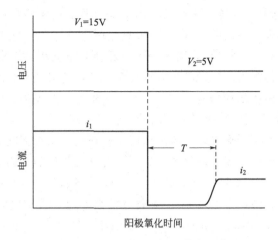

图 16.1　阳极氧化的电流恢复现象

象的发现者，并提出了"质子空间充电层再排列"理论。阳极氧化膜的阻挡层里存在带正电的 H^+。施加 V_1 的电压电解时，铝基板是阳极，质子存在于远离铝基体侧的溶液的阻挡层中，如图 16.2(a) 所示。这一集合体叫质子空间充电层。

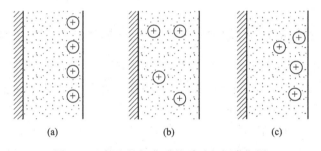

图 16.2　铝阳极氧化膜的质子空间充电层

　　质子空间充电层的存在对于阳极氧化膜的生成是必需的。因质子空间充电层的形成而产生阳极氧化的电流。在图 16.2(a) 中，质子空间充电层使阻挡层的电场消失或者让其减弱，质子热扩散成图 16.2(b) 所示的分布状态。用 V_2 的电压进行阳极氧化时，与图 16.2(a) 分布完全不同，其分布如图 16.2(c) 所示。随后电压从 V_1 到 V_2 对阳极氧化膜再次阳极氧化，其分布图变化顺序是：图 16.2(a)→图 16.2(b)→图 16.2(c)。由 V_1 到 V_2 电压的变化，如图 16.2 所示的质子空间充电层的再排列就成为必要。质子空间充电层的再排列是需要时间的，由电压 V_1 到 V_2 变化时的一段时间里没有电流，相当于 V_2 电压的质子空间充电层再次形成，且有电流 i_2 流动。因此，其实质就是"电流恢复现象是质子空间充电层的再排列"。

　　Murphy 的质子空间充电层理论介绍到日本时，在学者中引起了巨大的轰动，同时也进行了大量的追加实验。很多在日本同期发表的论文即使是与电流恢复现象无关的研究，也都冠以"本实验的结果解释使用了质子空间充电层的概念"。直至永山理论提出"电流恢复现象的原因是阳极氧化膜的几何学结构变化"后，质子空间充电层几乎不被提及了。

北海道大学永山政一教授用电子显微镜对电流恢复现象的产生原因进行了研究。用电子显微镜对施加电压 V_1 阳极氧化的阳极氧化膜结构进行观测时，其结果如图 16.3（a）所示。图 16.3（a）左边是在铝基板阻挡层上用电子显微镜观察的膜内侧构造图，右图是阳极氧化膜断面构造图。其次，由电压 V_1 下降到 V_2 时，阻挡层厚度与 V_2 同比例变薄。阻挡层变薄的同时孔壁厚度（阻挡层厚度的 2 倍）也变小，氧化膜的构造如图 16.3（b）所示。经过 V_2 电压电解时，电压 V_2 下生成两层氧化膜，且氧化膜结构呈图 16.3（c）的状态。从图 16.3（a）到图 16.3（b）的过程中，图 16.3（a）的厚的阻挡层不可溶解变薄。此时几乎没有电流。随后如图 16.3（b）的状态，慢慢地开始有电流了。到图 16.3（c）的状态时与电压 V_2 对应的相对较小的电流开始正常了。图 16.3 实验结果说明了电流恢复现象。这就是永山理论，同时也是得到世界认可的理论。

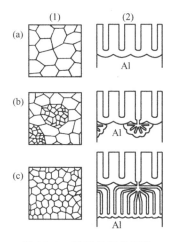

图 16.3　铝阳极氧化膜的
胞状结构变化

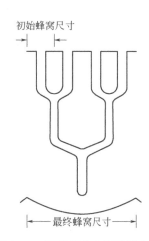

图 16.4　阳极氧化电压阶段上升
生成的氧化膜截面图

电流恢复现象和电压相反变化的氧化膜结构变化如图 16.4 所示。比如，铬酸溶液中铝在 20V 进行阳极氧化后，将电压提升到 40V 继续阳极氧化，再进一步升到 60V 阳极氧化时，其氧化膜结构如图 16.4 所示。电解电压低时孔数多且孔壁薄，相反，电解电压高时孔数变少且孔壁或阻挡层变厚。请牢记：阳极氧化膜的构造对电解电压是敏感的。

17　在电位-pH 图的 Al^{3+} 区域和 AlO_2^- 区域中为什么能生成阳极氧化膜？

图 17.1 为铝的电位-pH 图，显示铝在不同的 pH 值和电极电位下的热力学稳

定性。酸性水溶液中的铝，在－1.8V以下阴极电位时，理论上是以"金属铝"形式存在的。在－1.8V以上阴极电位时，理论上是以铝离子（Al³⁺）形式存在的。注意区分"铝的电极电位"和"在铝上施加电压"是不同的。施加电压改变不了铝的电极电位。外加电压是用来改变对极之间的压降的，从而作用于电解过程。因此不能拘泥于上面的"－1.8V"的数值，按照"给铝上施加阴极电压时，铝还是金属铝没有变化，给铝施加阳极电压时，铝变成了铝离子"去理解就可以了。如图17.1所示，中性水溶液中铝的电位在－2.0V以下时，金属铝的状态不变，在－2.0V以上的电位时开始形成铝氧化膜。在图17.1中，在pH值9以上的碱性水溶液中，对于电位负几伏以下的阴极电位，铝是以金属铝形式存在的，如果阳极给定的电压超过铝的这个电极电位，铝则以偏铝酸根离子（AlO₂⁻）形式存在。

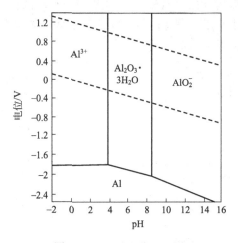

图 17.1　铝的电位-pH图

根据图17.1，在中性水溶液（pH值4～9）中，将铝作为阳极进行电解，可以在铝上形成氧化膜。但是，从图17.1可以看出，就算在酸性或碱性水溶液中将铝作为阳极进行电解，铝也只是溶解成 Al³⁺ 或 AlO₂⁻，而不能形成阳极氧化膜。

因为氧化膜生成速度远大于氧化膜溶解速度，阳极氧化膜就逐步形成了。

18　为什么阳极氧化膜具有整流作用？

关于这个问题，北海道大学的佐藤教男教授的说法如下。

"Sasaki从测定钽阳极氧化膜的光电效应和电极电容，提出了 n-i-p 结合型模型。即与金属相接的20～50Å厚的内层是金属离子过剩的 n 型氧合膜（供体是过剩的金属离子），中间层是很厚的真正的三氧化二铝的半导体氧化物，外层是20～50Å厚的 p 型氧化物（受体是过剩氧离子或者表面吸附氧）。实验表明，在氧化膜生长过程中，氧化膜阻挡层内的 Al³⁺ 过剩，或者氧离子不足，外层的 p 型氧化物层是由从电解液中渗入的质子生成的。"

"阳极氧化膜作为金属/氧化膜/溶液体系的电极，或者金属/氧化膜/金属体系的二极管，都显示出整流作用。阳极氧化膜的二极管整流作用可以从上述的 Sasaki 理论推断。即，邻近金属基体的部分为金属离子过剩或者氧离子不足的 n 型半导体；氧化膜表面则是金属离子不足，氧离子过剩或质子从电解液渗入而变成 p 型半导体。因此，二极管以 n-p 接合或以 n-i-p 接合。如果与对极金属的接触是欧姆接触，阴极方向的电流容易通过。金属/氧化膜/溶液体系将阴极方向作为正方向也有整流作用，这就是所谓的电解整流。电解整流不同于二极管整流，即，对应于恒电流进行的电极反应在膜层/电解质界面上进行。在金属/膜层/电解质溶液体系中，如果发生阳极极化引起膜生长或膜溶解，以及阴极极化引起质子渗透到膜层内或膜层发生还原等情况，会变得更复杂。"

19　为什么在铝金属/氧化物界面上能形成阳极氧化膜？

阳极氧化膜是铝离子与氧"会合"时形成的，这样的"会合"是如何发生的？是氧离子在阻挡层中移动到铝/氧化膜界面与铝离子会合，如图 19.1(a)所示，还是铝离子移动到阻挡层和氧离子在铝/氧化膜界面会合，如图 19.1（b）所示？

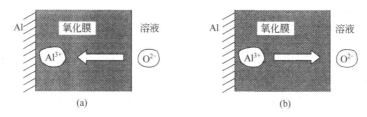

图 19.1　阳极氧化膜中的离子移动

这是在铝的阻挡层中的离子迁移数量的问题。关于这个问题佐藤教男教授做如下解释：

"氧化膜生成的过程中，氧化膜内是金属离子在移动还是氧离子在移动？为此进行很多的实验。在铝上做上记号来测量金属离子和氧离子的移动，溶液也有所不同。Amsel 等用 ^{18}O 和 ^{16}O，发现在 3%酒石酸铵水溶液中生成氧化膜过程中 Al^{3+} 的迁移数接近 1。图 19.2 所示为在仅含 ^{18}O 的溶液中阳极氧化和在仅有含 ^{16}O 的溶液中阳极氧化之后，氧化膜中 ^{18}O 和 ^{16}O 的分布图。从结果来看，氧化膜的生成过程中，同时有氧化膜内的 Al^{3+} 的移动和氧化膜/溶液界面上新的氧化膜形成的过程。"

"通常认为，在金属中和在阳极氧化溶液中，氧化膜内移动离子的迁移数量是不同的。尤其是在硫酸或者磷酸中进行电解的氧化膜里，O^{2-} 会穿透膜层。此时氧化膜是多孔膜，但其内壁包含了靠近铝基体的阻挡层的残骸。关于硫酸溶液中的

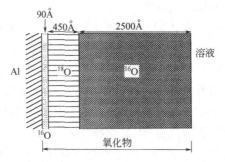

图 19.2　阳极氧化膜中^{18}O 和^{16}O 的分布图

（图中"90Å"箭头所示为含^{16}O 的第一层氧化膜）

铝阳极氧化膜，根据 Cherki 和 Siejika 利用^{18}O 和^{16}O 进行的实验，认为膜的成长是 O^{2-} 在膜内移动的结果，新的膜是在金属/氧化物界面上生成的。氧化膜的溶解以相当快的速度推进，膜内的离子电流大约 60% 是 O^{2-} 贡献的、40% 是 Al^{3+} 贡献的。"

20　阳极氧化过程中为什么阳极氧化膜有时会发光？

有关"阳极氧化处理的发光"有三种发光现象，即火花放电、电致发光和光致发光。

在某种电解溶液中电压加到 100V 以上进行阳极氧化处理时，会发出"噼里啪啦"的声音，且阳极氧化膜表面有许多斑点状光斑，这是阳极化处理时破坏了氧化膜的绝缘层引起的放电，这一现象称为阳极化处理绝缘破坏现象。与正、负电荷云层相接触产生雷电的现象是一样的。在水玻璃中进行阳极化电解处理容易发生火花放电。

在暗室中，含 Mn 的铝合金在草酸溶液中进行阳极氧化时，伴随着"扑哧"的声音，阳极氧化膜的表面会闪光。这就是所谓的电致发光。电致发光的起因是电子从电解溶液中注入氧化膜。如图 20.1 所示，注入的电子击中阻挡层中的电子，阻

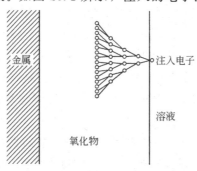

图 20.1　"电子雪崩"模式图

挡层中的电子被激发出来，被激发出来的电子进一步击中其他的电子，如此，许多电子被激发出来。随后按"几何级数倍增式"计算结果，有大量的电子被激发出来，这个现象称作"电子雪崩"，这时有光产生，即电致发光。

如果阳极氧化后的特殊氧化膜暴露于大气中进行紫外线照射后，会从氧化膜内发出光线，这种现象称为光致发光。光致发光发生的原理类似于荧光涂料发光的原理。

21　为什么电解阳极氧化和阳极化氧化膜可以用电路图模拟？

据曼彻斯特大学的 Wood 教授报道，未封孔的阳极化氧化膜可以用图 21.1 所示的电路图模拟，已封孔的阳极氧化膜可以用图 21.2 所示的电路图模拟。阳极化氧化膜难以导电，也可以说成等同于电路中的电阻 R。铝阳极化氧化膜也可以存储电，其储电现象与电容一样，可以说拥有了电容量 C。基于此，对阳极氧化膜进行详细研究，可以观察到阳极氧化膜具有类似于图 21.1 和图 21.2 的电气特性。图 21.1 和图 21.2 的电路图也称作"等效回路"。在 Wood 教授之前，很多人就采用等效回路对铝阳极氧化膜的性能进行了广泛研究，从 20 世纪 30 年代开始，利用阻抗对阳极氧化膜的研究就取得了一定的成果，除了图 21.1 和图 21.2 外，还提出了其他各种各样的等效回路。

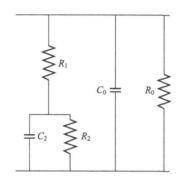

图 21.1　未封孔阳极化氧化膜的等效回路

在此必须注意的是：等效回路有一定的随意性，可以任意假定等效回路。认为只有 Wood 教授给出的图 21.1 和图 21.2 是正确的，其他的等效回路是不正确的，不可取。图 21.3(a) 是串联等效回路，图 21.3(b) 是并联等效回路。电阻 R 和电容 C 组合在一起叫"阻抗"，用 Z 表示。

作为阳极氧化膜的等效回路，图 21.4 所示的等效回路也有报道。从该等效回路来看，阳极氧化膜的阻挡层有三层结构：含 Al^{3+} 多的阻挡层、Al_2O_3 阻挡层（化学氧化膜）和含 O^{2-} 多的阻挡层，可以推测三层氧化物的水合程度不同。图 21.4 的等效回路通过改变外加电压的频率可用于测量阻抗，其值是外加电压频率发生变化后所测得的结果。

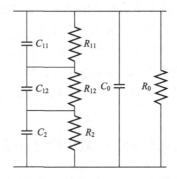

图 21.2　封孔处理的阳极化氧化膜的等效回路

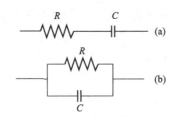

图 21.3　串联等效回路与并联等效回路

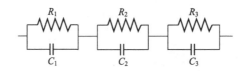

图 21.4　三层阻挡层等效回路

只有整个氧化体系的等效回路才可用铝阳极氧化的等效回路代替。此时，阳极氧化时的电化学反应机理可以认为服从阳极氧化体系的等效回路。除了氧化体系，在一般的电化学反应上也广泛利用等效回路来研究反应机理。图 21.5 是阳极氧化膜电解的等效回路的一个例子。在图 21.5 中，Z_1 是阻挡层的阻抗，Z_2 是双电层阻抗，Z_3 是感应电的阻抗。一般来说，固相和液相接触时，在固相/液相界面上，电性相反的电荷彼此相向而产生电容。这种电容称为双电层电容。这一电容是叠加

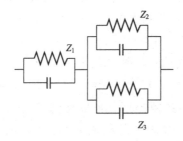

图 21.5　阳极氧化膜电解反应的等效回路

层的，电流难以通过，成为电路中电流难以通过双层的叠加层阻抗（Z_2）。作为阳极的铝与电解槽液接触时，也会产生双电层的阻抗。电流在阳极氧化过程中一直在通过，期间只有进行阳极氧化的铝与电解槽液接触，因此，总阻抗（Z_T）是阻挡层的阻抗（Z_1）及双电层的离子阻抗（Z_2）的总和。即，全部阻抗用公式表示如式（21.1）所示。

$$Z_T = Z_1 + Z_2 \tag{21.1}$$

然而，在氧化膜形成的过程中电荷是流动的。氧化膜形成的反应中电荷是易于流动还是难以流动呢？下面引入"反应阻抗"的概念，这个反应阻抗称作 Z_3。因此，总阻抗用公式表示为式（21.2）。

$$Z_T = Z_1 + Z_2 + Z_3 \tag{21.2}$$

阳极氧化过程的反应机理可以通过法拉第阻抗的变化来预测。

因阻挡层阻抗或双电层阻抗与铝阳极氧化膜的生成反应没有直接关系，这种阻抗称为"非法拉第阻抗"。通过法拉第阻抗的电流称为感应电流，通过非法拉第阻抗的电流称为非法拉第电流。感应电流的大小与阳极化氧化膜生成速度有关，非感应电流的大小与阳极化的阻挡层厚度成反比。

22 为什么铝阳极氧化过程中溶液温度会升高？

阳极氧化膜具有很大的电阻，电流通过阳极氧化膜时会产生焦耳热（Ω），Ω 可以用公式（22.1）表示。

$$\Omega = Vi = i^2 R \tag{22.1}$$

式中，V 是电压；i 是电流；R 是电阻。根据公式（22.1），假设阳极氧化电流不变，可以得出电解电压越大发热量越多的结论。如果阳极氧化的电阻一定，电流是 2A 和 4A，其发热量是 1:4 的比例。

进行阳极氧化时，由于焦耳热的产生，电解溶液的温度不断上升。基于此，即便进行冷却处理，电解溶液也总能保持在一定的温度。关于温度有一点必须要引起注意，就是阳极氧化膜的阻挡层表面温度与电解溶液的温度并不一定相同。温差的大小取决于阻挡层产生的热量向溶液扩散的速度。因此，如果对溶液进行搅拌，加快热量的扩散速度，阻挡层和溶液温差变小。测量结果显示，有温差不到1℃的，也有差几百摄氏度的。对于铝阳极氧化过程中阻挡层温度的研究，著名的是"赤堀理论"。赤堀的研究认为阳极氧化过程中的阻挡层温度有近1000℃，阻挡层中的铝处于熔融状态。赤堀理论在国外的阳极氧化教材里也有介绍。但是，现在赤堀理论被否定了。

永山教授认为，在硫酸溶液中用 0.94A/dm² 的电流密度进行阳极氧化，氧化膜孔中和溶液的温差见表 22.1。表 22.1 的数据仅仅是假设热量往水溶液方向扩散时计算的数据。阳极氧化膜的厚度不同，其温差也不同。马场宜良表示，实际上热量也往铝基体方向扩散，温差比表 22.1 中的数据要小。

表 22.1　氧化膜孔的底部和表面的温差

膜厚/μm	10	20	30	40
温度差/℃	0.12	0.24	0.36	0.48

如果铝在高电流密度下阳极氧化，就会出现"烧焦"现象。所谓的"烧焦"是电流集中在铝阳极氧化膜的局部，阳极氧化膜局部变成介于灰色和棕褐色之间的颜色。由于颜色介于灰色和棕褐色之间，氧化膜的外观类似于烧过的纸张或木头，因此，使用"烧焦"这个词。"烧焦"是由阻挡层表面的温度分布不均匀造成的。

23　硬铝合金为什么不能生成阳极氧化膜?

根据铝材质的不同，可分为能够形成膜厚均匀的阳极氧化膜和不能够形成膜厚均匀的阳极氧化膜两种情况。铝材质的不同不仅仅是指合金成分的不同，就算是相同成分的铝合金其性质也会因热处理条件的不同而不尽相同。即使是变形铝合金与压铸铝合金比较，其阳极氧化处理的结果也不一样。表 23.1 和表 23.2 所示的是不同铝材形成的阳极氧化膜的好坏。表 23.1 里 1000 号系是纯铝，2000 号系是 Al-Cu 系合金，3000 号系是 Al-Mn 系合金，4000 号系是 Al-Si 系合金，5000 号系是 Al-Mg 系合金，6000 号系是 Al-Mg-Si 系合金。

表 23.1　变形铝合金及压铸铝合金的表面处理适用性

类型	组成	适用性			类型	组成	适用性		
		保护用氧化膜	染色用氧化膜	光亮氧化膜			保护用氧化膜	染色用氧化膜	光亮氧化膜
变形铝合金	1099	◎	◎	◎	压铸用铝合金	(ASTMCS72A)	△	×	×
	1080	◎	◎	◎		AC8B	△	×	×
	1050	◎	○	○		L5	△	×	×
	1100	○	○	□		AC2B	□	△ *	×
	3003	□	□	△		AC7A	○	□	□
	5052	○	○	□		AC3A	△	×	×
	5154	○	○	□		(BSRR50)	○	□	△
	5056 5% Mg	□	□	△		(AC4C)	□	△ *	×
	5056 7% Mg	△	△	△		AC4A	△	×	×
	6063	◎	○	□		AC7B	△ * *	△	△
	6351	○	□	△		AC1A	□	□	△
	6066	□	□	△		(AA-222)	△	△ *	△
	2014	△	△ *	×		AC8A	×	×	×
	2018	△	△ *	×		AC5A	△	△ *	×
	2017	△	△ *	×		(AA-B850)	□	□	△
	2024	△	△	×		AC4D	△	△	×
	2N01	△	△	×		ASTMSN122A	△	×	×
	6061	△	△	×		ASTMS5A	□	△ *	×
	6011	□	△	×		AC2B	□	△ *	×
	4043	□	△ *	×		AC9A	□	△	×
						(AC2C)	△	△ *	×

注：◎优秀；○ 非常好；□ 良好；△ 中等；×不适合；* 只适用于深色；* * 注意处理条件。

表 23.2 氧化膜的性质和合金成分的关系

氧化膜的性质	合金成分
氧化膜的透明性	铝的纯度
氧化膜的不透明性	杂质元素（Fe、Si、Mn、Mg）
氧化膜的发色性	添加元素（Si、Mn、Cr、Mg）
氧化膜的光亮性	铝的纯度、添加元素（Mg、Mg_2Si）
膜厚的不均匀性	添加元素（Cr、Si）

如图 23.1 所示，对于某些铝合金，其合金相中含有偏析的金属离子相，从整体来说就不能形成均匀的阳极氧化膜。

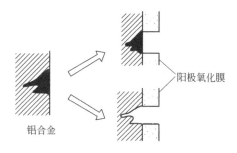

图 23.1 铝合金阳极氧化膜

阳极氧化时，有时会产生过度抛光而烧损的现象。过度抛光的阳极氧化膜变得不透明，也有可能无法形成阳极氧化膜。这也是铝基材表面材质局部不同造成的。过度抛光的铝基材表面会因塑性加工、熔融、化学变化等作用产生变质层。由于阳极氧化膜的微观结构不同等原因，部分膜表面没有光泽或出现可见的变色。

24 阳极氧化过程中为什么极少发生阳极氧化膜剥落？[①]

阳极氧化膜与涂膜或镀膜不同，氧化膜剥落的现象几乎从未发生过。阳极氧化膜与铝基体的结合是半永久性的。

然而，在非常罕见的情况下，铝阳极氧化过程中氧化膜还是可能会出现剥落。

Thomas 的研究中给出了一些有关于阳极氧化过程中导致氧化膜剥落的原因。如果形成氧化膜的阳极氧化过程中，发生电接触或因某种原因断电，那么将会出现大块的氧化膜剥落。假如在硫酸溶液中出现导电不良，那么本该在 15V 时生成的阳极氧化膜可能在几伏时就生成了，此时就处于我们之前讲过的"电流恢复现象"的状态，阳极氧化膜截面结构见图 24.1。在图 24.1 所示状态下的阳极氧化膜放入硫酸溶液里浸泡时，孔壁发生化学溶解。因图中阳极氧化膜（b）部分孔壁较薄，

[①] 译者注：在正常的硫酸阳极氧化中，除非导电不良，很少会发生氧化膜剥落的现象，但是在交流阳极氧化中就要格外注意，尤其是负向电压的大小。

（b）部分的阳极氧化膜将在短时间里溶解消失。因而，（a）部分的阳极氧化膜将从铝基体处剥落并漂浮在溶液中。

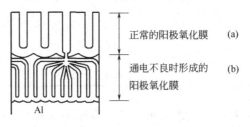

图 24.1　氧化膜剥落机理

第三章　阳极氧化各论

25　硫酸溶液的浓度为什么选择 15%？

硫酸阳极氧化的硫酸浓度通常控制在 $10\%\sim20\%$ 之间，在浓度低至约为 1% 时，槽电压变得过高，没有阳极氧化膜形成，铝表面出现黑色的斑点。这种斑点又称作麻点，其产生的原因是 SO_4^{2-} 破坏了阻挡层。浓度为 15% 的硫酸电离式见式 (25.1)，HSO_4^- 进入阻挡层中生成多孔膜。

$$H_2SO_4 \Longrightarrow H^+ + HSO_4^- \tag{25.1}$$

浓度为 1% 时硫酸电离式则为式 (25.2)。

$$H_2SO_4 \Longrightarrow 2H^+ + SO_4^{2-} \tag{25.2}$$

在浓度为 1% 的硫酸液中进行交、直流叠加电解时，在阳极电压作用下，

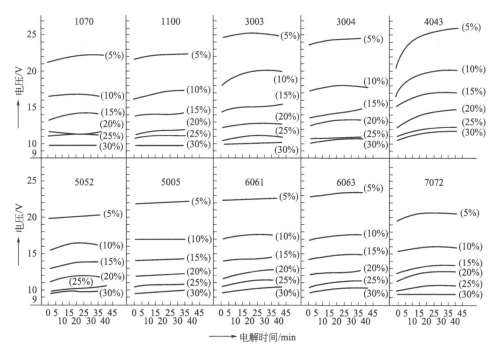

图 25.1　硫酸浓度与电解电压的关系

电流密度：$1A/dm^2$；温度：$(20\pm1)℃$；溶存铝：$1g/L$

SO_4^{2-} 会破坏阻挡层，此时立即施加负电压可以减缓 SO_4^{2-} 对阻挡层的破坏作用。因浓度为 1％ 的硫酸溶液中几乎不存在 HSO_4^-，所以不能生成阳极氧化膜。但是铝在浓度为 1％ 的硫酸溶液中进行交、直流叠加电解则不产生黑色斑点，可形成薄薄的氧化膜。在交流氧化时，SO_4^{2-} 马上试图破坏阻挡层，此时负电压的施加削弱了 SO_4^{2-} 破坏阻挡层的力度，于是形成一层很薄的氧化膜。

浓度在 20％ 以上的高浓度硫酸溶液中也可生成阳极氧化膜。但是因电解溶液的溶解力太强，造成成膜率低而不能生成厚的氧化膜，且氧化膜很软。电解电压低是氧化膜软的原因之一。低电压也导致生成薄的阻挡层。阻挡层变薄的同时孔壁（阻挡层厚度的 2 倍）也相应变薄，氧化膜孔数多，氧化膜就软了。硫酸浓度在 30％ 以上时，溶液的导电性差，黏度高，随后水洗所需的水量增加。基于此，理想的硫酸浓度宜控制在 10％～20％。

比较 10％ 和 20％ 的硫酸浓度，浓度低时，溶液电解电压高，氧化膜孔隙率减小，染色性能略差，但阳极氧化膜加工后不易粉化及颜色发暗。引用《铝表面处理手册》（日本轻金属出版社）的关于硫酸液中的硫酸浓度的数据，见图 25.1、表 25.1 和表 25.2。

表 25.1　硫酸浓度和 JIS 耐蚀性、耐磨性、氧化膜厚度的关系

合金	膜厚/μm						耐蚀性/s						耐磨性/s					
	硫酸浓度 5％	10℃	15℃	20℃	25℃	30℃	硫酸浓度 5％	10℃	15℃	20℃	25℃	30℃	硫酸浓度 5％	10℃	15℃	20℃	25℃	30℃
1070	12.9	12.3	12.3	12.3	12.4	13.1	300	300	240	240	195	165	1193	960	1175	603	610	440
1100	12.8	12.0	12.0	12.5	12.3	12.2	330	210	255	180	225	150	1093	990	1108	617	562	485
3003	12.0	11.7	10.6	12.0	12.4	11.5	200	180	180	210	210	135	940	683	962	591	510	573
3004	12.5	12.1	13.0	12.2	12.7	12.2	330	330	285	240	210	165	984	617	782	470	436	456
4043	11.3	12.9	13.4	12.9	12.8	12.6	165	180	165	180	105	90	607	566	604	360	361	543
5052	12.8	12.4	12.5	12.5	12.3	11.9	540	360	300	300	255	195	1050	968	982	595	494	534
5005	11.9	12.4	11.8	11.6	11.7	11.2	300	210	210	150	225	180	1216	1074	951	918	626	661
6061	12.1	12.5	12.7	11.3	11.8	11.8	390	360	210	180	180	120	670	927	650	563	615	555
6063	12.5	12.2	12.5	12.5	12.2	12.5	420	270	270	240	195	165	902	909	1059	690	535	537
7072	12.4	12.6	12.2	12.9	11.8	12.4	330	300	300	270	180	150	878	669	741	358	437	437

表 25.2　硫酸浓度和氧化膜透明度（昭和铝资料）

硫酸浓度（质量分数）/％	色差计测的 Y 值（白度）
9.0	35.6
15.5	39.7

注：1. 电解条件：$1A/dm^2$，电解 30min（7μm），20℃。
　　2. 材质：A3003P-H₂₄。

26 为什么硫酸溶液中铝浓度要控制在 10g/L 左右？

有关溶存铝浓度的数据引用自《铝表面处理手册》（日本轻金属出版社），其数据如图 26.1～图 26.3 所示。福岛敏郎就相关的问题做了解释，具体如下。

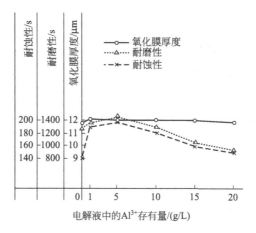

图 26.1　溶存铝浓度与氧化膜性能的关系（A1100）

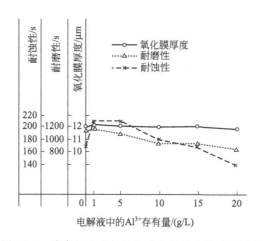

图 26.2　溶存铝浓度与氧化膜性能的关系（A5005）

"完全不含铝的电解液是无法正常生成氧化膜的，所以工厂新配电解槽液时通常会添加 12～13g/L 的硫酸铝❶。随着铝离子含量的增加，电解电压也随之上升，氧化膜的耐磨性降低、透明性变差，最终导致工件灼烧。溶存铝浓度的上限美国是 20g/L，德国是 12g/L。"

---

❶ 译者注：在中国，新配电解槽液时很少添加硫酸铝。这是因为在负载试车和试生产阶段对产品表面质量没有要求，同时，在配槽液时，有充裕的降温时间，其间，作为对极的铝板会有铝溶解下来，不会导致试生产没有膜。经过试生产后，电解槽液中溶存铝浓度基本上可以满足要求。

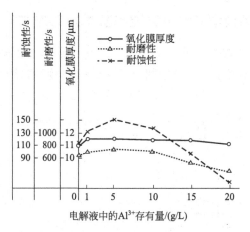

图 26.3　溶存铝浓度与氧化膜性能的关系（A6063）

为什么溶存铝为零或者溶存铝太高时都不能生成好的阳极氧化膜？一方面，溶存铝为零时，硫酸溶液对阳极化膜的溶解力太强，所以不能生成好的氧化膜；另一方面，溶存铝太高时，在阳极氧化膜/电解溶液界面残存的铝离子容易形成氢氧化铝胶体，吸附在阳极氧化膜表面。氢氧化铝胶体形成电沉积膜，会导致"槽电压上升，氧化膜的耐磨性降低、透明性变差"。

27　硫酸电解液的温度为什么要保持在 20℃?

此问题的数据见图 27.1 和图 27.2。阿部隆博士有以下的解释说明。

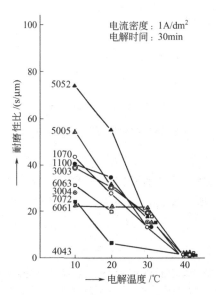

图 27.1　电解温度与 JIS 耐磨性的关系

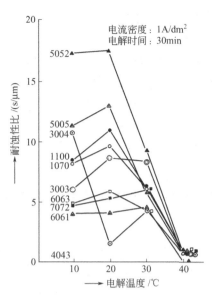

图 27.2　电解温度与 JIS 耐蚀性的关系

"电解温度对氧化膜性能的影响见图 27.1 和图 27.2。即，在 20℃时氧化膜的耐蚀性最好。超过这一温度，其性能有下降的趋势。随着溶液温度的下降而趋于好转。而耐磨性随着溶液温度下降有上升的趋势。一般来说，随着溶液温度下降，氧化膜透明性也下降，颜色变成灰色至灰黑色。比如，在 0～5℃生成的硬质氧化膜，其耐磨性显著提高，氧化膜由灰色向黑色化发展。"

电解溶液温度下降，氧化膜对染料的吸附能力也下降，容易产生色差。通常溶液温度保持在 15～20℃较为理想，但要尽可能地减少槽内温差，此时要注意进行充分搅拌。

从图 27.3 中可以明显看出，溶液温度低，氧化膜的耐磨性和硬度变好；溶液温度低，槽电压升高。如图 27.3（b）所示，氧化膜阻挡层变厚、孔壁也变厚、孔隙率下降，因此，低温溶液中生成的阳极氧化膜耐磨性好，且硬度提高。

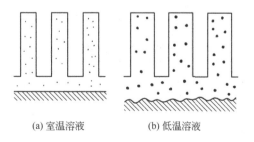

(a) 室温溶液　　　　　　(b) 低温溶液

图 27.3　室温溶液阳极氧化膜与低温溶液阳极氧化膜

溶液温度低，阳极氧化膜明亮度下降。变成灰色和灰黑色的原因是电解溶液对阻挡层的溶解能力变弱。如图 27.3(b) 所示,溶解能力降低,铝基体和阻挡层的界面凹凸增加。凹凸界面导致光反射凌乱,明亮度降低。低温溶液中,铝基体中的杂质金属难以溶解,残存在阳极氧化膜中的杂质金属增多。正如 Wefers 博士指出的,金属铝粒子在阳极氧化膜中的残留也增多了。

低温溶液中生成的阳极氧化膜的可染色性从图 27.3(a) 和 (b) 的比较中一目了然,原因是氧化膜孔的数量减少,吸附染料的表面积也减少。在低温溶液中生成的阳极氧化膜其表面的化学活性也下降了。

28　硫酸溶液电解的电流密度为什么是 1~2A/dm²?

阿部隆有以下的解释说明。

"提高电流密度设定值,将生成目标膜厚所需时间缩短可提高生产效率。但电解电压上升,总电流会增大,所以必须充分考虑电源的容量(电流容量、电压容量)。电流密度过高时,必须注意各成品内及成品之间的膜厚差异。电流密度对氧化膜性能的影响见表 28.1、表 28.2 及图 28.1。以 0.5A/dm² 低电流密度长时间电解,氧化膜的耐蚀性和耐磨性都有降低的倾向,电流密度一般在 1~2A/dm² 之间较为理想。"

表 28.1　电流密度和 JIS 耐蚀性的关系

合金	A1100		A3003		A5052		A6063	
JIS 耐蚀性	平均耐蚀性	比耐蚀性	平均耐蚀性	比耐蚀性	平均耐蚀性	比耐蚀性	平均耐蚀性	比耐蚀性
电流密度·时间	/s	/(s/μm)	/s	/(s/μm)	/s	/(s/μm)	/s	/(s/μm)
0.5A/dm² 120min	90	6.3	86	6.3	98	7.0	61	4.2
1A/dm² 60min	193	12.6	181	12.4	346	22.9	143	5.8
2A/dm² 30min	185	12.2	198	13.4	321	21.2	148	8.8
4A/dm² 15min	175	11.8	183	12.3	324	19.1	161	8.6
0.5A/dm² 60min	61	3.6	73	10.3	113	15.7	65	8.9
1A/dm² 30min	53	6.8	81	10.9	123	16.4	48	6.4
2A/dm² 15min	56	7.5	73	9.7	124	15.8	53	6.8
4A/dm² 7.5min	55	6.5	63	6.8	106	13.1	66	7.5

表 28.2　电流密度和 JIS 耐磨性的关系

合金	A1100	A3003	A5052	A6063
JIS 耐磨性	平均比耐磨性	平均比耐磨性	平均比耐磨性	平均比耐磨性
电流密度·时间	/(s/μm)	/(s/μm)	/(s/μm)	/(s/μm)
0.5A/dm² 120min	26.1	27.3	17.5	29.9
1A/dm² 60min	41.3	45.0	42.3	53.0
2A/dm² 30min	52.4	53.6	58.5	52.8
4A/dm² 15min	62.1	53.2	59.9	56.6

合金	A1100	A3003	A5052	A6063
JIS 耐磨性	平均比耐磨性	平均比耐磨性	平均比耐磨性	平均比耐磨性
电流密度·时间	/(s/μm)	/(s/μm)	/(s/μm)	/(s/μm)
0.5A/dm² 60min	22.4	20.6	22.5	20.7
1A/dm² 30min	26.4	30.3	36.3	26.3
2A/dm² 15min	36.0	36.0	43.3	37.5
4A/dm² 7.5min	28.1	23.0	43.6	44.8

注：数据来源于 1982 年日本建筑用品表面处理委员会报告。

高电流密度下生成的氧化膜厚度差异变大，这一点与电镀镀层厚度差异一致。高电流密度意味着"反应速度非常快"。不难想象反应速度过快，反应很难均衡进行。0.5A/dm² 时，阳极氧化膜性能变差的原因是阳极氧化膜发生了化学溶解。因 0.5A/dm² 时，氧化膜的生成速度变慢，比如，为生成 10μm 的氧化膜，要长时间地电解，阳极氧化膜的孔壁在电解溶液中发生化学溶解变得非常薄［见图 28.1(b)］。如图 28.1(b) 所示，不难理解，孔壁非常薄的阳极氧化膜其耐蚀性和耐磨性都变差了。

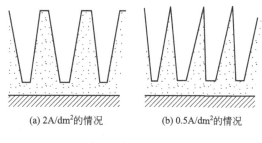

(a) 2A/dm²的情况   (b) 0.5A/dm²的情况

图 28.1   不同电流密度下氧化膜孔壁截面图

29   硫酸溶液脉冲电解为什么能快速生成阳极氧化膜？[❶]

在硫酸溶液或者硫酸-草酸混合溶液中采用如图 29.1 所示的脉冲波进行阳极化时，可以快速形成阳极氧化膜。表 29.1 是采用脉冲波进行阳极氧化时氧化膜的性能。如果在高电压直流电下进行阳极氧化，本应该在短时间内生成厚的阳极氧化膜，但如果电流密度过大，如第 28 问里解释的，氧化膜厚度的不均匀性增大。而且，电流密度过大，还会发生"烧蚀"和"粉化"的现象，无法生成优质的阳极氧化膜。

---

❶ 译者注：脉冲氧化与交流氧化不同，它没有负向电压，而是使用的高、低电压相互配合。从原理上讲，就是给高电压部分留出充足的降温时间，当然这需要槽液循环量的配合。现在比较经常使用的是高电压部分比低电压部分高出 25%，同时使用的是长脉冲而放弃高频脉冲。还要强调一点，脉冲氧化的概念与高频氧化电源不同，请不要混淆。

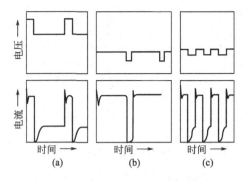

图 29.1 电压及电流随时间的变化

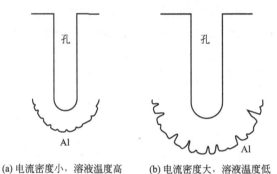

(a)电流密度小,溶液温度高   (b)电流密度大,溶液温度低

图 29.2 阻挡层/金属表面截面图

采用图29.1所示的波形进行脉冲阳极氧化时,大电流通过的时间极短。短时间的大电流对氧化膜的成长有促进作用,但在很短的时间里电流就会变小,几乎不会出现因焦耳热而对阳极氧化膜产生的危害。基于此,不会产生"烧蚀"和"粉化"现象,所以让快速形成阳极氧化膜成为可能。图29.2是施加高电压脉冲波时形成的阳极氧化膜的截面示意。由于脉冲氧化的阳极氧化膜硬度高,所以可以得到整体发色的氧化膜。

表 29.1 氧化膜性能比较(硫酸-草酸溶液,材质:2S,5S,63S)

	项目	传统方法	本方法
物性	常规膜的硬度	20℃,HV300 以下	25℃,3A/dm²,HV450(表面) 20℃,2A/dm²,HV650(表面) (中心硬度高50%)
	常规膜的耐蚀性	CASS 试验,8h	22℃,3A/dm²,CASS 试验 48h,R.N 达 No.9 级以上
	常规膜的落沙耐磨性	250s 以下	1500s 以上
	常规氧化膜颜色	不易整体发色	整体发色取决于合金

项目	传统方法	本方法
绝缘击穿电压	$25\mu m$ 在 300V 以下	$100\mu m$ 在 1200V 以上
弯曲性	取决于铝合金	t_1-t_2 的组合可以使用压力机
最高氧化膜厚度	$20\sim25\mu m$	$100\sim200\mu m$ 以上
粉化	容易出现	不易出现
起粉极限	$20℃,0.9A/dm^2,20\mu m$ $25℃,1A/dm^2,12\mu m$ $30℃,3A/dm^2,5\mu m$	$25℃,3\sim5A/dm^2,100\mu m$ 以上 $30℃,5\sim10A/dm^2,100\mu m$ $35℃,5\sim10A/dm^2,50\sim60\mu m$ $35\sim40℃,10\sim20A/dm^2,20\sim30\mu m$
烧蚀	容易发生	很少出现,存在修复的可能
氧化膜的均匀性	大 高电流密度时更差 $22℃,2A/dm^2,10\mu m$ 相差 25%	小 同左 $20℃,2.5A/dm^2,10\mu m$ $25℃,3A/dm^2,10\mu m$ }$1\%\sim4\%$
染色性	良好 $20℃,0.9A/dm^2\times60min$ $\rightarrow14\mu m$	在同一温度、相同膜厚时, 提高 8℃ 左右,其程度相同 $28℃,2.5A/dm^2\times20min\rightarrow15\mu m$
电解着色	不能控制	E_1,t_1,E_2,t_2 的组合存在多多少少可控制

30 硫酸溶液交流氧化膜为什么不能普及?

福岛敏郎解释如下:

"用交流法生成 $10\mu m$ 以上厚度的氧化膜是非常困难的,而且因氧化膜硬度低,迄今为止都没有实现工业化。第二次世界大战后不久,日用品交流氧化膜是在棕褐色茶的浸出液里进行染色的。交流电解的特点是可形成 $7\sim8\mu m$ 厚、质软、柔韧性好的氧化膜。例如,给厚度为 0.05mm 的铝箔施加直流电,铝箔会脆裂,但施加交流电时,即便用手揉或弄皱折了,铝箔也不会破损。相同的膜厚,交流氧化膜的硬度和耐磨性都比直流氧化膜差,但可染色性优异。交流氧化时,其表面有大量氢气产生,可以省去脱脂的麻烦,但电解液会变脏,因此也不见得是好事。"

"纯铝硫酸交流氧化膜和直流氧化膜都是无色透明的,52S(特别是退火材料)直流氧化膜略呈微黄色,交流氧化膜的颜色稍深。其颜色归因于硫或硫化氢等。"

硫酸溶液直流交流氧化膜的数据如图 30.1～图 30.3 所示。如图 30.3 所示,硫酸溶液交流氧化膜的耐蚀性和耐磨性差的原因之一是孔壁薄、孔数多。此外,如反应式(30.1)所示,还有是硫或硫化合物多造成的。

$$2SO_4^{2-}+17H^++14e\text{===}SH^-+S+8H_2O$$
$$H_2SO_4+4H_2\text{===}H_2S+4H_2O \qquad (30.1)$$
$$H_2SO_4+H_2S\text{===}S+SO_2+2H_2O$$

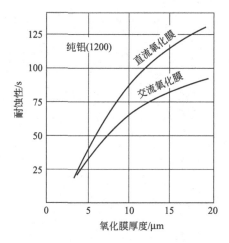

图 30.1　硫酸直流交流法氧化膜厚度与耐蚀性的关系

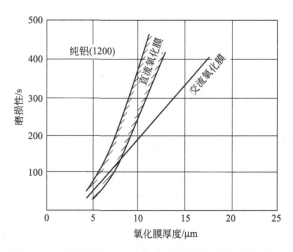

图 30.2　硫酸直流交流法氧化膜厚度与耐磨性的关系

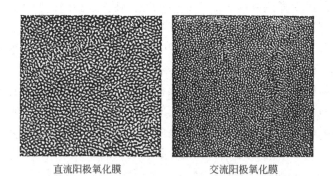

直流阳极氧化膜　　　　　　　　交流阳极氧化膜

图 30.3　硫酸溶液氧化膜电子显微镜照片（60000 倍）

反应式（30.1）是英国 Kape 博士提出来的，在实验中还没有得到验证。同时 Kape 博士强调，铝的硫酸溶液交流氧化膜有各种优势，应该予以普及。如表 30.1 所示，硫酸溶液交流氧化膜在金属盐的水溶液中浸泡可得到各种颜色的氧化膜。可是尽管有 Kape 博士的大力推进，硫酸溶液交流氧化膜仍没有得到普及，其原因在于，只能应用于铝线之类的软的铝氧化膜领域。

表 30.1　硫酸液交流氧化膜在金属盐中浸泡着色时的颜色

浸泡液	阳极氧化膜的颜色
Sb^{3+}（酒石酸钠·锑）	橙色
As^{5+}（亚砷酸钠）	黄色
Bi^{3+}（柠檬酸钠·铋）	黄褐色
Cu^{2+}（硫酸铜）	绿色
Co^{2+}（醋酸钴）	黑色
Cd^{2+}（醋酸镉）	鲜黄色
Au^{3+}（氯化金）	紫色
Pb^{2+}（醋酸铅）	茶黑色
Fe^{3+}（草酸铁铵）	黑色
Mo^{3+}（钼酸钠）	橙色
Ni^{2+}（硫酸镍铵）	棕色
Se^{3+}（硒酸钠）	赤褐色
Ag^{+}（硝酸银）	灰褐色
Sn^{4+}（氯化锡）	黄黑色
Sn^{2+}（氯化亚锡）	褐色
硫酸双氧铀	褐色

31　为什么在草酸溶液中形成的氧化膜更耐用？

草酸溶液氧化膜的耐蚀性和耐磨性比硫酸溶液氧化膜要好得多。表 31.1 是草酸溶液氧化膜的标准处理条件。将这些条件与硫酸溶液中生成的氧化膜的条件进行对比，发现有许多不同点。从电解溶液的组成来看，硫酸溶液浓度是 15%，而草酸溶液浓度是 3%。如果硫酸溶液浓度下降几个百分点，阳极氧化电解时会发生点蚀，无法生成均匀的氧化膜。草酸溶液在 0.1% 或 0.5% 的低浓度时，阳极氧化电解会发生点蚀现象。硫酸溶液和草酸溶液低浓度时阳极氧化电解都会发生点蚀现象。由于两种不同溶液对铝氧化膜造成化学性质上的差异，硫酸溶液和草酸溶液所发生点蚀的极限浓度不同。这种"化学性质的差异"的本质还没有彻底弄清楚，比如硫酸根和草酸根对氧化膜溶解和络合作用的差异等。溶存铝浓度如表 31.1 所示，为 5g/L，与硫酸溶液比略高，但本质上二者几乎相同。

草酸溶液的液温是 30℃ 而硫酸溶液是 20℃。草酸与硫酸相比是弱酸，所以硫酸对铝氧化膜的溶解力更强。因此，对铝氧化膜溶解力强的硫酸溶液在低温（20℃）时较为理想，而溶解力较弱的草酸溶液在高温（30℃）时更好。溶液温度相差10℃，溶解力相差2倍。假定30℃草酸溶液和20℃硫酸溶液的溶解力相同，那么，如果两种溶液温度相同，则对铝氧化膜的溶解力相差2倍。

表31.1　标准处理条件示例

项目	条件
电解液组成	游离草酸 30g/L
溶存铝	5g/L
液温	(28±2) ℃
电流密度	直流和交流的场合 直流（DC）　100A/m² 交流（AC）　100A/m²
时间	25min-6μm(1100 铝合金) 38min-9μm(1100 铝合金)
溶液电压	直流（DC）　25V 交流（AC）　80V

和硫酸阳极氧化比较，草酸溶液的槽电压更大，电流密度也更大。因草酸溶液对铝氧化膜的溶解力较弱，所以同一电流密度下进行电解需要更高的电压。同时，与硫酸溶液进行比较，因草酸溶液中氧化膜生成速度较慢，所以需要较高的电流密度。电解溶液的溶解力本身就较弱，却要在高电流密度（3A/dm²左右）下进行电解，只能提高槽电压。而槽电压提高，导致阳极氧化膜的阻挡层变厚。阻挡层变厚的同时，正如之前已反复强调的，生成的阳极氧化膜孔壁也更厚。从图31.1也可以直观地看到，孔壁厚的阳极氧化膜，其耐蚀性和耐磨性更好。

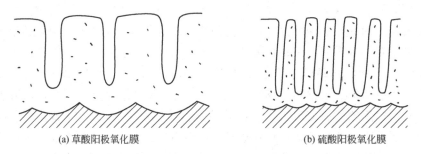

(a) 草酸阳极氧化膜　　　　　　　　　　(b) 硫酸阳极氧化膜

图 31.1　草酸阳极氧化膜与硫酸阳极氧化膜截面图

阳极氧化膜中所含离子的种类不同也可能影响耐蚀性。如图31.1所示，氧化膜结构的不同对其耐蚀性也有很大的影响。

32 为何草酸阳极氧化中草酸的浓度为 2%～5%?

草酸溶液的草酸浓度有如下的解释。

"20℃时草酸在水里的溶解度是 10g/100g H_2O，通常电解液使用 2%～5% 水溶液。这一浓度对电解电压、氧化膜色调及性能等均有影响。图 32.1 为交流-直流叠加电解时浓度影响的实验结果。在低浓度的草酸溶液中生成的氧化膜耐蚀性更好。在低浓度的电解液中，高电压电解时，氯离子等杂质的影响变大，容易产生电化学腐蚀等氧化膜缺陷。"

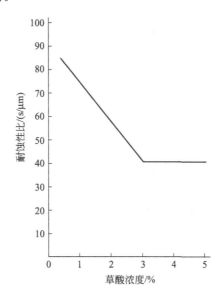

图 32.1　草酸浓度与 JIS 耐蚀性的关系

[单向半波＋单向交流（DC 1A/dm^2，AC 0.5A/dm^2）、

电解时间：30min（目标值 6.5μm），30℃]（昭和铝资料）

草酸饱和水溶液的浓度大约为 10%，生成阳极氧化膜使用 2%～5% 的浓度。一方面，草酸浓度升高，槽电压变小，氧化膜中混入草酸根的量增加，其耐蚀性和耐磨性降低；另一方面，草酸浓度过低，草酸电离出来的离子不是 $HC_2O_4^-$，而是 $C_2O_4^{2-}$，会产生点蚀缺陷。因此，草酸浓度的适用范围在 2%～5% 之间。

33 草酸阳极氧化为什么采用交流-直流叠加电解?

硫酸阳极氧化膜几乎都是在直流电压下进行阳极氧化的。硫酸交流氧化膜的耐蚀性虽然不差，但因其氧化膜的耐磨性和硬度稍差，因此不实用，现实当中也没有推广使用。

草酸阳极氧化膜大多是在交流-直流叠加电压下生成的。在草酸溶液直流电解中，直流电压的波形对电解电压和氧化膜性能也有一定的影响。这一问题下面进行解释。

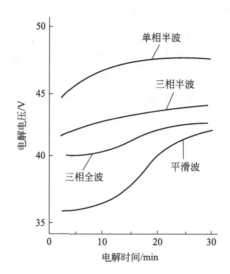

图 33.1　草酸直流电解波形与电压的关系（草酸 3%，
1A/dm²，A1100P-H18）（昭和铝资料）

"草酸直流电解中，电解波形影响电压-时间曲线等的电解特性、氧化膜色调及氧化膜性能等。如图 33.1 所示，直流电解电压按照平滑波→三相全波→三相半波→单相半波的顺序变高。表 33.1 所示为（L，a，b）色系氧化膜的色调，其 b 值有增大的倾向，电解电压高的单相半波，黄色色度最高，按照三相半波→三相全波→平滑波的顺序色度逐渐降低。氧化膜的耐磨性正好相反，平滑波最高，其次是三相全波→三相半波→单相半波的顺序，选择与平滑波相近的波形其耐磨性更好。"

表 33.1　直流电解波形对草酸阳极氧化膜膜厚、色调、耐磨性的影响

电解波形	膜厚 /μm	Hunter 色调			JIS 耐磨性 /(s/μm)
		L	a	b	
单相半波	7.6	57.0	−2.3	+6.8	152
三相半波	7.2	62.9	−2.4	+4.1	156
三相全波	7.4	62.9	−2.5	+3.5	164
平滑波	7.3	52.4	−2.9	+1.1	199

注：草酸 3%，30℃，1A/dm²，A1100P-H18（昭和铝资料）。

"交流-直流叠加电解时的叠加比例会影响电解电压、氧化膜性能及色调，其实验结果见表 33.2。从表中可以看出，正电流固定，改变负电流，随着负电流的增加，氧化膜生成速度变慢，氧化膜耐磨性降低，但耐蚀性变好。随着负电流增大，氧化膜色调由微黄向微红逐渐转强。"

表 33.2　交流-直流叠加电解时负电流成分对氧化膜性能、色调的影响

电流密度构成		膜厚 /μm	滴碱试验的耐蚀性/(s/μm)	JIS 耐磨性/(s/μm)	氧化膜色调的相应关系	
A_1 正成分/(A/dm²)	A_1 负成分/(A/dm²)					
1.0	0	13.7	48	219	减少 ↑ 黄色调 ↓ 增加	减少 ↑ 红色调 ↓ 增加
1.0	0.2	11.8	69	130		
1.0	0.4	11.5	71	125		
1.0	0.6	10.4	86	87		
1.0	0.8	9.3	109	84		
1.0	1.0	7.9	102	68		

注：3%$C_2H_2O_4$，30℃，电解时间为 60min（三相半波＋三相交流），试验材料材质为 A1100P-H16（昭和铝资料）。

在草酸溶液中交流-直流叠加电解时，氯离子的影响很小。这一现象与阳极氧化膜电解着色类似。Na^+ 对直流电解着色的影响很大，但对交流电解着色的影响很小。这是因为在交流电场或交流-直流叠加电场中，不停转换的电场妨碍杂质离子在界面上浓缩，离子的极化作用尚未发生时，往往就会在对极产生沉积作用了。在草酸溶液中，交流阳极氧化膜或者交流-直流叠加阳极氧化膜的性能优于直流阳极氧化膜，原因大概就是前者的氧化膜里氯离子的影响比较小❶。

34　铬酸阳极氧化膜为什么是不透明的乳灰色氧化膜？

铬酸溶液中生成的阳极氧化膜的特点描述如下：

可以生成陶瓷感的乳灰色的氧化膜。氧化膜的耐蚀性优良，但是耐磨性比硫酸氧化膜和草酸氧化膜要差很多。特别要强调的是，薄的铬酸氧化膜对涂层的结合力优良，适用于作为涂装前处理。

铬酸氧化膜呈不透明的乳灰色的原因如图 34.1 的氧化膜截面所示，其氧化膜呈"枝状结构"。目前还没有研究解释为什么铬酸阳极氧化形成的氧化膜呈枝状结构。低浓度磷酸溶液和低浓度硝酸溶液阳极氧化时也形成不透明的乳白色氧化膜，这类阳极氧化膜的断面都呈枝状结构。图 34.1 所示为阳极氧化膜枝状结构的截面图，因光线照到阳极氧化膜时发生漫反射而呈不透明的乳灰色。此时与将"细微粉末弄到无色玻璃上时变白色粉末"或者"在无色透明玻璃表面弄上细微凹凸状，做成所谓的毛玻璃"的原理是一样的。此外，因铬酸氧化膜中混入的铬离子非常少，所以，"因为铬化物的存在而变成不透明乳灰色"的看法是不成立的。

❶ 译者注：其实这里仍然涉及电极电位-pH 曲线的问题，除了交流部分频率高，不让氯离子、钠离子极化外，不同溶液的 pH 值使得氯离子和钠离子的电极电位不同，从而对氧化膜的影响也不同。pH 值越低，氯离子电极电位越正，极化性能强，影响越大；pH 值越高，钠离子电极电位越负，极化性能强，影响越大。

图 34.1　阳极氧化膜截面枝状结构图

35　磷酸阳极氧化膜为什么孔径大?

硫酸阳极氧化膜的孔径是 100～150 Å，磷酸阳极氧化膜的孔径是 300～400 Å。铝阳极氧化的电压高，阻挡层和孔壁变厚，孔径变大。硫酸阳极氧化膜是在 15V 左右的电压下进行阳极阳化的，而磷酸阳极氧化膜是在 10～100V 的电压下进行阳极阳化的，因此磷酸阳极氧化膜的孔径更大。有观点认为，磷酸阳极氧化膜对涂料和黏合剂及镀层的结合力好，原因就是膜孔径大。可是，结合力好与孔径无关。可以这样认为，孔径大有利于染料和电镀物质渗入，并且稳定性会得到改善（图 35.1）。

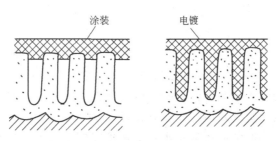

图 35.1　阳极氧化膜上的涂装与电镀

这个想法从直观上来说，可以认为是"最棒"的，硫酸阳极氧化膜也好，镀层也好，涂料也好，都没问题。例如，对于镀层，硫酸阳极氧化膜的孔径和金属离子的直径有约 100 倍的差。对于 1～2Å 的金属离子，孔径是 100Å 也好、300Å 也好，没有太大的差别。涂料和电镀层的结合力好的原因是磷酸阳极氧化膜不会发生水合反应。铝基体表面或阳极氧化膜上的涂膜脱落，是由于渗透进涂膜的水在铝基体表面或阳极氧化膜上形成的水合氧化铝层脱落。可是，众所周知，磷酸阳极氧化膜即便是沸水封孔也不发生水合反应。由此，涂膜和磷酸阳极氧化膜之间不会形成水合氧化铝这种附着妨碍层。

电镀结合力方面，硫酸阳极氧化膜由于阴极电解，在氧化膜孔中形成氢氧化铝的凝胶层，妨碍了金属沉积；但在磷酸阳极氧化膜孔中因阴极电解不能形成氢氧化铝的凝胶层，金属沉积得以顺利进行。

36　为什么混酸阳极氧化膜硬度高却未获得广泛使用？

含有两种或两种以上酸的阳极氧化电解溶液叫混酸溶液。常见的混酸溶液是有机酸溶液里添加少量的硫酸而配成的酸溶液。

混酸阳极氧化膜的耐蚀性和耐磨性优秀且可生成自然发色氧化膜。在混酸溶液里能形成自然发色氧化膜的课题会在后续章节中进行解释说明，本节只对耐蚀性和耐磨性进行讲解。

常温下为得到硬质阳极氧化膜，往低浓度硫酸溶液里添加有机酸，理由如下。

为生成硬度较高的氧化膜需使用低浓度硫酸。硫酸浓度在 40g/L 左右时，电解液的导电能力下降，电流分布不均匀，局部电流通过时不仅产生点蚀，而且导致成膜率（coating ratio，CR）显著下降。此时如果在硫酸里添加适量的二羧酸，即便在 10～20℃ 的较高温度下，也能很容易生成高耐磨性的硬质氧化膜，而且成膜率（CR）也不下降。在此混合溶液里，用高电流密度进行混酸电解，可降低氧化膜的溶解速度。还有个好处是：进一步提高溶液温度，进而高效地生成高硬度的氧化膜。

添加二羧酸的作用是：首先，可抑制生成的氧化膜在硫酸里溶解；其次，基于离子间的相互作用，降低硫酸根离子的活度，氧化膜中的 SO_3 等不纯物含量减少，可以推断，氧化膜均匀性提高了。在硫酸-二羧酸电解液中生成的氧化膜，用 X 射线衍射分析、电子衍射分析和化学分析方法分析其组成结构和化学组成，可以明确是由多轴面心立方结晶的 $\gamma\text{-}Al_2O_3$ 的极微结晶组成的。

除了上面的相关解说以外，这里想补充说明以下两点：首先，如果是低浓度硫酸溶液，会产生点蚀现象，添加有机酸可防止点蚀发生。原因是低浓度硫酸溶液的 pH 值高且存在 SO_4^{2-}，如果添加了有机酸，SO_4^{2-} 离解成 HSO_4^-，就难以发生点

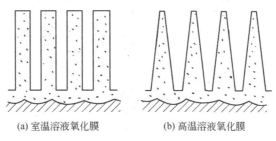

(a) 室温溶液氧化膜　　　　(b) 高温溶液氧化膜

图 36.1　室温溶液氧化膜与高温溶液氧化膜断面图

蚀了。其次，如图 36.1 所示，因混酸溶液的槽电压较高，阳极氧化膜的孔壁变厚，所以耐蚀性和耐磨性提高。

然而，近来硫酸和有机酸的混酸阳极氧化很少使用了，主要是单一的硫酸阳极氧化在溶液再利用、废水处理及节省能耗上有其明显的优点。

37 硫酸-硼酸混合酸阳极氧化膜有什么特点？

美国波音公司开发了硫酸-硼酸混合酸阳极氧化法，可以作为铬酸阳极氧化法的替代技术。该硫酸-硼酸混合酸阳极氧化法与铬酸阳极氧化法相同，也具有防止铝金属疲劳的效果。硫酸-硼酸混合酸阳极氧化法的特殊性在于阳极氧化膜结构。图 37.1 和图 37.2 是森崎用电子扫描显微镜进行研究的结果，其阳极氧化膜呈网状结构。

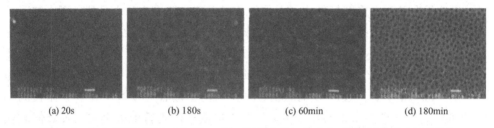

(a) 20s   (b) 180s   (c) 60min   (d) 180min

图 37.1　5％（质量分数）H_2SO_4-3％（质量分数）H_3BO_3 溶液氧化膜 SEM 照片

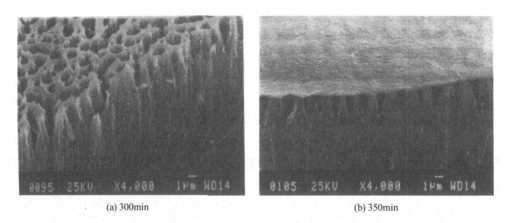

(a) 300min   (b) 350min

图 37.2　5％（质量分数）H_2SO_4-3％（质量分数）H_3BO_3 溶液长时间氧化的氧化膜 SEM 照片

在常规硫酸溶液里添加硼酸不会发生任何变化。其原因是硫酸浓度高，发生反应时硫酸占据了主导地位。但在只有低浓度硫酸的溶液中阳极氧化，阳极氧化液对铝基体腐蚀变弱，除了含 HSO_4^- 以外，还含有少量的 SO_4^{2-}，此时槽电压变高，发生麻点腐蚀的可能性很大。图 37.1 和图 37.2 为低浓度硫酸溶液里添加硼酸时减弱 SO_4^{2-} 危害后，形成的特殊阳极氧化膜的实拍照片。

38 碱性溶液中为什么能生成阳极氧化膜？

铝及其阳极氧化膜对酸强而对碱是弱的。铝浸泡在碱溶液中溶解很快。利用这个特性可以在碱溶液中进行铝的蚀刻和阳极氧化脱膜。在碱溶液中铝不是以 Al^{3+} 的形态溶解，而是以 AlO_2^- 的形态溶解的。

但弱碱性溶液中，铝和铝氧化膜的溶解速度比较慢，进行阳极氧化可以生成阳极氧化膜。阳极氧化膜生成反应见式（38.1），其实质是铝和水分子进行的电化学反应，与水溶液是酸性的还是碱性的没有关系。

$$2Al+3H_2O \mathrel{=\!=\!=} Al_2O_3+6H^++6e \tag{38.1}$$

相关报告里对碱性溶液阳极氧化膜的特点总结如下。

① 耐碱腐蚀性优异。

② 即便是在酸性气氛中也可与硫酸阳极氧化膜的耐蚀性相媲美。

③ 软质氧化膜的耐磨性略差，但其抗裂性很好，非常适合机械加工。

④ 氧化膜可以电解着色，也可以染色。

⑤ 是多孔膜。碱性氧化膜不像硫酸阳极氧化膜那样是规则的，而是不规则的多孔膜。从碱性氧化膜的电子显微镜照片可以确认其氧化膜是由不规则的通电孔形成的。这种多孔膜与硫酸阳极氧化膜比较，其特点是表面粗糙，孔的密度小，孔径大。

⑥ 氧化膜的结晶是由非晶态 Al_2O_3 和 $\gamma\text{-}Al_2O_3$ 构成的。可以推测几乎和硫酸氧化膜类似。

碱性溶液氧化膜耐碱性强的原因还没有探明。

"不规则的多孔氧化膜"和"孔径大"是氧化膜发软的原因。碱性氧化膜与其说是 Keller 型多孔氧化膜，不如说与 Murphy 型氧化膜更接近。

39 硼酸铵溶液为什么不能生成多孔膜？

在硼酸铵水溶液中进行铝阳极氧化时，铝表面可以形成极薄的氧化膜，其厚度低于 $1\mu m$。如反应式（38.1）所示，铝在硼酸铵水溶液中因电化学反应而形成氧化膜。由于硼酸铵水溶液是中性的电解液，故形成不了多孔型氧化膜（所谓的阳极氧化膜）。此类氧化膜为"壁垒型氧化膜"。

为了形成多孔型氧化膜，电解液必须像硫酸或者弱碱性溶液一样，对氧化膜有一定的溶解力。硼酸铵中性溶液在电解初期没有溶解氧化膜的能力，所以无法形成多孔氧化膜。

形成壁垒型氧化膜的电解溶液，除了硼酸铵外，还有酒石酸铵、柠檬酸铵等中性盐溶液。离解度小的有机酸水溶液中也能形成壁垒型氧化膜。这类有机酸有顺丁烯二酸、丙二酸、柠檬酸、酒石酸等。但在离解度过小的有机酸水溶液中不仅不能形成壁垒型氧化膜，还会发生点蚀。Kape 认为有些 pH 值大于 3.0 的有机酸水溶液会产生点蚀。这类有机酸有苹果酸、衣康酸、琥珀酸、谷氨酸、肥酸等[1]。

向无法生成壁垒型氧化膜、会出现点蚀的有机酸水溶液里加入少量的硫酸，则可生成多孔型氧化膜。这类阳极氧化在氧化膜生成的同时也显色了，即所谓的"自然发色氧化膜"。

因硼酸水溶液是接近中性的弱酸溶液，可以生成壁垒型氧化膜，但在电子显微镜下仔细观察，可以看到有薄薄的细孔存在，所以有人认为硼酸阳极氧化膜并不完全是真正意义上的壁垒型氧化膜。同理，在硼酸溶液里是无法生成几微米厚的多孔质氧化膜的。在铬酸溶液、低浓度草酸溶液以及低浓度磷酸溶液中，用定电流进行电解，槽电压随着电解时间延长而升高，形成多孔型氧化膜，但阻挡层厚度不是一蹴而就的，是随电解时间延长而变厚的。这种氧化膜也叫作"半壁垒型氧化膜"。

40　非水溶剂溶液中为什么能生成阳极氧化膜？

酒精、苯、丙酮等液体称为"有机溶剂"。在有机溶剂和熔盐中进行铝阳极氧化可生成阳极氧化膜。

有机溶剂方面，较著名的是东京都立大学的研究者研究成功的甲酰胺-硼酸混合非水溶剂溶液。在完全不含水的非水溶剂溶液中阳极氧化膜的生成反应不适用于反应式（38.1），而应由铝与含氧酸离子反应生成氧化铝的反应式来表达。但"完全不含水的非水溶剂溶液"是不存在的。因为，即便在非水溶剂溶液中也一定是含有少量的水，所以与反应式（38.1）的化学反应多少都存在一定的关联。

作为熔盐溶液，对低熔点熔盐溶液硝酸盐-碳酸盐混合液和硫酸钾熔盐溶液进行研究，确认了熔盐溶液阳极氧化膜是由 $\alpha\text{-Al}_2\text{O}_3$ 组成的。

即便是非水溶剂溶液也可生成阳极氧化膜，但是因非水溶剂溶液价格奇高，实际上并没有什么实用性。但想生成特殊用途的阳极氧化膜时，对非水溶剂溶液进行尝试就很有意义了。

41　为什么无水表面处理工艺不能形成阳极氧化膜？

"气相沉积"在表面处理行业里，作为无污染方法，一直以来都在进行研究，气相沉积一部分技术已经实用化了。铝阳极氧化行业作为"梦之技术"，强烈的愿望就是"做出无水阳极氧化膜"。因其完全不含水，在空气中如能生成阳极氧化膜，废水处理的问题就解决了。

很久以前就在尝试无水阳极氧化工艺了。众所周知，铝在空气中会形成自然氧

---

[1] 译者注：衣康酸学名为亚甲基琥珀酸、亚甲基丁二酸，是不饱和二元有机酸；肥酸也叫己二酸。

化膜。但自然氧化膜的厚度只有 10 Å 左右，作为保护性膜是远远不够的。有人尝试对此自然氧化膜进行加厚，将铝放在氧化性氛围中加热，或在空气中给铝和对极间施加高电压，让其发生电晕放电，促进其发生氧化反应，一部分已申请了专利。不过还不能生成与普通阳极氧化膜具有同样保护性能的氧化膜。

为了开发生成无水阳极氧化工艺，需应用"金属的干腐蚀"的理论。图 41.1 所示的是金属干腐蚀的过程。有必要进行再次提醒：要改变电化学反应仅仅是在溶液中进行的想法，电化学反应在完全不含液体的固体中也可进行的。发生电化学反应的固体叫作"固体电解质"。为了开发无水阳极氧化工艺，需将阳极氧化膜作为固体电解质进行考虑。随后，找出在氧化膜中促进电化学反应的处理条件。开发无水阳极氧化工艺不是不可能的，需在铝基体的材质上下功夫。

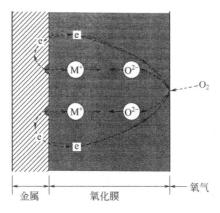

图 41.1　金属干腐蚀的过程示意图

第四章 染色和自然发色

42 为什么阳极氧化膜能进行染色?

即便将铝浸泡在染料溶液当中,铝也无法染上颜色。染料很难吸附到铝上,假设铝能够吸附染料,其吸附的量也极其有限,无法到染上色的程度。

铝阳极氧化膜是有化学活性、比表面积很大的多孔膜,所以可吸附大量的染料,呈现我们肉眼可见的色彩感。必须注意的是,仅仅有膜孔存在是不会被染色的。即便有膜孔存在,但是孔壁呈化学惰性,染料也不会吸附,从而染不上色。

对吸附理论理解的关键点是"物理吸附和化学吸附""单分子层吸附和多分子层吸附"。分子或者离子在范德华力作用下进行的吸附,叫作物理吸附。由范德华力作用的物理吸附,与阳极氧化膜表面的界面电位是正是负,染料是阴离子型染料还是阳离子型染料,或者是非离子型染料有重要关系。早期的研究论文里有阳极氧化膜的界面电位与染色性的关系的论述。物理吸附时,因吸附力弱,只要对其进行充分的水洗就可以使其分离。

通过化学力作用的吸附叫化学吸附。因化学吸附比物理吸附力强,所以水洗是无法分离的。物理吸附与化学吸附的最大的不同点是对吸附温度依赖程度不同。物理吸附在低温时容易吸附而在高温时吸附量则减少。化学吸附与物理吸附正好相反,低温时不易吸附而在高温时易于吸附。

吸附过程到底是物理吸附还是化学吸附经常难以区分。比如,"化学吸附占65%,物理吸附占35%"等此类情况很多。还有,在实际的吸附过程中吸附对温度依赖程度等也很复杂。

如图42.1所示,从染料的浓度和染料消耗量的关系来看,有两种类型,这类

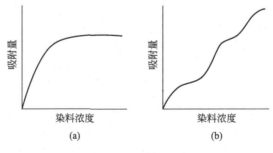

图 42.1 等温吸附曲线

图叫作等温吸附曲线。图 42.1(a) 的曲线是 Langmuir 型吸附曲线，进行的是单分子层吸附。图 42.1(b) 是多分子层吸附时测量的吸附曲线。

43　为什么染料受光照射会改变特性？

如图 43.1 所示，染料分子由众多的原子（图中白色圆圈）构成，这类原子间有共价键作用着，这类力与图 43.1 中的弹簧类似。各个原子和各弹簧进行着回转、传动、伸缩。可见光照射到这些原子时，一部分被选择性吸收了，随后该化合物会显示出颜色，比如红色。其他的原子基团因选择性吸收而显示蓝色。这些就是红色和蓝色的染料。

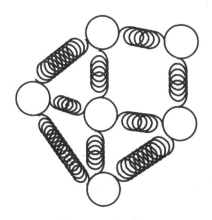

图 43.1　分子模型

如图 43.1 所示，假如其原子基团被能量大的紫外线切断，对可见光的吸收特性将发生改变。因此被紫外线切断的原子基团不再显示红色，这个现象叫作掉色或褪色。

在此必须注意，有色阳极氧化膜的颜色并不只限于选择性吸收产生的颜色。用浅田法进行电解着色的有色阳极氧化膜，或者草酸阳极氧化膜的黄色不是由选择吸收产生的颜色。这种类型的颜色以后表述。

44　为什么对染色溶液的 pH 值进行管理很重要？

众所周知，如果不对染色溶液的 pH 值进行正确的管理，大多数的产品将不能染成同一颜色，也不能染成经久耐用的颜色。染色溶液的 pH 值起两个重要作用：一是对染料自身的状态的影响，二是对被染色的阳极氧化膜表面性质的影响。一般来说，有机物在水中的离解度因溶液的 pH 值不同而不同。当染料作为络合物时，溶液 pH 值不同，络离子的络合数也不同，有的络离子彻底分解了。因此即便是同样的染料，溶液的 pH 值不同，也可能变化成完全不同的物质。亦即如果 pH 值控制不当，染色后的阳极阳化膜颜色与通常的不一样，或者即便是染色了也很容易褪色。

染色液 pH 值的另外一个影响是，使阳极氧化膜表面的性质发生变化。例如，阳极氧化膜表面的电位对 pH 值有依赖性，pH 值不同，阳极阳化膜的电位有时是正电位，有时是负电位。除了电位以外，因 pH 值的变化，阳极氧化膜表面的化学性质也会产生变化。总之，染色成功与否，pH 值起着至关重要的作用。

另外，即便将硫酸阳极氧化膜和草酸阳极氧化膜分别置于同一染料中进行染色，也无法染成同一颜色。其至即便都是硫酸阳极氧化膜，因其电解条件不同，染色所得到的颜色也会有所不同。

阳极氧化膜的多孔层厚度、铝/氧化膜界面的平整度、阳极氧化电解液中的铝离子含量等都会对染色产生影响。阳极氧化膜薄，则染料的吸附量少，所染颜色趋浅。由脉冲电压快速阳极氧化产生的氧化膜，铝/氧化膜界面凹凸较多，导致光反射的程度不同，会造成所染的颜色色调不一样的错觉。硫酸直流阳极氧化膜和硫酸交流氧化膜中硫含量不同，会产生不同色调的染色膜。因此，阳极氧化膜染色的色调不仅仅取决于染色溶液的条件。

45 为什么将阳极氧化膜浸泡到草酸铁铵溶液中能着色成金黄色？

将铝阳极氧化膜浸入草酸铁铵[1]溶液里可染成金黄色，叫作"无机盐浸泡染色法"。让人很容易联想到"与有机染料的染色是一样的"，其染色溶液的颜色也几乎与被染上的颜色相同。但是，草酸铁铵溶液是黄绿色的，染色后的阳极氧化膜却是金黄色的。即，可以认为用草酸铁铵染色并不是草酸铁铵离子本身在上色，而是草酸铁铵发生变化以后上色的。草酸铁铵溶液有时候也会染出黄褐色或红褐色。黄褐色和红褐色与褐铁矿石和赤铁矿石的颜色相近。因此，普遍认为其染色原理是：草酸铁铵在阳极氧化膜孔中形成氢氧化铁或含氢氧化铁。

草酸铁铵溶液与高锰酸钾溶液类似，都是阳极氧化膜浸泡后上色，但并非所有的无机盐都能浸泡染色。比如，硫酸镍水溶液是绿色的水溶液，即便将阳极氧化膜浸泡其中也染不上一点颜色。硫酸镍水溶液呈绿色是因为镍离子的周围有 6 个水分子包围着。被 6 个水分子包围的镍离子也叫作六水合镍离子$[Ni(OH_2)_6]^{2+}$。吸附到阳极氧化膜上的 $[Ni(OH_2)_6]^{2+}$ 其状态不再是 $[Ni(OH_2)_6]^{2+}$ 了，这就是 $[Ni(OH_2)_6]^{2+}$ 的绿色消失的原因。在这种有色溶液中浸泡阳极氧化膜，是不可能染上色的。

---

[1] 译者注：草酸铁铵也叫草酸高铁铵 $[NH_4Fe(C_2O_4)_2]$。

46 硫酸交流氧化后放入无机盐水溶液中浸泡，氧化膜为什么能形成各种颜色？

在硫酸溶液中用交流电电解生成的交流氧化膜，浸泡在各种金属水溶液中，如表 46.1 所示，可得到彩色阳极氧化膜。对硫酸直流阳极氧化膜进行相同的实验，却不能得到如表 46.1 的所示的彩色阳极氧化膜。这种染色状况的差异是直流阳极氧化膜和交流氧化膜的膜组成不同造成的。

表 46.1　铝硫酸交流阳极氧化膜金属盐浸渍染色

浸渍液	阳极氧化膜颜色
Sb^{3+}（酒石酸钠・锑）	橙色
As^{3+}（亚砷酸钠）	黄色
Bi^{3+}（柠檬酸钠・铋）	黄褐色
Cu^{2+}（硫酸铜）	绿色
Co^{2+}（醋酸钴）	黑色
Cd^{2+}（醋酸镉）	鲜黄色
Au^{3+}（氯化金）	紫色
Pb^{2+}（醋酸铅）	茶黑色
Fe^{3+}（草酸铁铵）	黑色
Mo^{3+}（钼酸钠）	橙色
Ni^{2+}（硫酸镍铵）	棕色
Se^{3+}（硒酸钠）	赤褐色
Ag^{+}（硝酸银）	灰褐色
Sn^{4+}（氯化锡）	黄黑色
Sn^{2+}（氯化亚锡）	褐色
UO_2SO_4（硫酸双氧铀）	褐色

从交流氧化膜反应式（46.1）可以看出，其所含硫和硫化物的量很多。

$$2SO_4^{2-}+17H^++14e = SH^-+S+8H_2O$$

或　　　　　　　　　$$H_2SO_4+4H_2 = H_2S+4H_2O \qquad (46.1)$$

或　　　　　　　　　$$H_2SO_4+H_2S = S+SO_2+2H_2O$$

交流氧化膜中所含的硫及硫化物与表 46.1 的金属离子发生反应后形成金属硫化物，可以认为正是由于这些金属硫化物存在，才得到表 46.1 所示的有色氧化膜。

47 铝合金阳极氧化膜为什么能发色？

将某种铝合金放在硫酸溶液里，只进行阳极氧化就可以形成有色阳极氧化膜，此类铝合金是如表 47.1 所示的 Al-Si 合金、Al-Cr 合金和 Al-Mn 合金等。

表 47.1　铝合金发色

铝合金	阳极氧化膜颜色
Al-Si	黑色、灰色
Al-Cr	金黄色、灰色
Al-Mn	红褐色
Al-Mn-Cr	黑色、灰色、黄色

　　这类有色阳极氧化膜叫作"合金发色氧化膜"。合金发色法中，不只是合金成分影响发色，不同的合金热处理状态下也有不发色或色调产生变化的情况出现。即合金发色取决于合金的固溶体或共晶。如图 47.1 所示，合金发色的原因是硅等合金元素弥散在阳极氧化膜中，散乱的光被部分吸收后呈现出颜色。

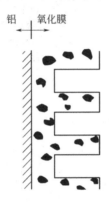

图 47.1　铝合金发色阳极氧化膜

　　类似于合金发色的、只需进行阳极氧化就可形成有色阳极氧化膜的方法叫作"自然发色法"。自然发色法除了合金发色以外，还有电解着色法、特殊电压波形发色法和低温溶液发色法。另外，有时还将"发色"这一名词与"着色"这一名词区别开来使用。

　　无色的阳极氧化膜生成以后，再对其施以颜色的方法叫作着色法。阳极氧化膜的着色法有染料着色法、无机盐浸泡着色法和电解着色法。

　　其他特殊的着色法，有用机加工方式在铝上加工非常多细小的微米级的沟槽，通过光干涉显色的方法。更进一步，是否可以用气态氧化、热处理或扩散氧化膜法等方法来形成有色阳极氧化膜？这是需要进一步研究的课题。

48　草酸阳极氧化膜为什么是黄色的？

　　在草酸溶液中对铝进行阳极氧化，可以生成黄色的阳极氧化膜。草酸阳极氧化法已经有几十年的历史了。其发色的原因到目前为止还解释不清楚。过去有"焦油物质理论（tar substance theory）"的说法，认为阳极氧化时，草酸通过电解聚合成高分子，变成呈褐色的煤焦油或类似重油的化合物，认为这些焦油状物质是发色的主要原因。最近的一个发色理论提出，在阳极氧化膜里形成了特殊的草酸铝复合体，使氧化膜发色。

还有其他发色理论提出，但大都缺乏说服力很强的实验数据来佐证，因此难有定论。

49　在有机酸和硫酸的混合溶液里为什么能生成有色阳极氧化膜？

在添加少量硫酸的有机酸水溶液里进行铝阳极氧化时，可生成有色阳极氧化膜。与草酸溶液一样，这种有色氧化膜称为"在电解槽中形成的整体发色膜"。

该发色法最早是由美国 Kaiser 公司开发成功的，使用磺基水杨酸和硫酸的混合溶液，使用的商标是"Kalcolor"。随后又开发出"Duranodic 300"和"Sumitone"的电解发色法，都是由有机酸和少量硫酸的混合溶液作为电解液。表 49.1 所示的是电解发色法的电解条件。

表 49.1　电解发色法电解条件

方法	电解液	温度 /℃	电压 /V	电流密度 /(A/cm²)	膜厚 /μm	氧化膜颜色	专利权拥有公司
Duranodic 100	硫酸	约 0	20～75	2.5～5.6	25～100	灰色、棕色	ALCOA
Duranodic 300	有机磺酸	约 20	约 120	非常高	25～100	棕色	ALCOA
Alcandox	有机磺酸	18～20	约 75	1.6～2.0	25～35	金色	ALCOA
Kalcolor	有机磺酸	20～30	约 80	3.3	15～50	褐色	KAISER
Veroxal	有机磺酸	15～25	约 80	1.6～3.3	15～60	浅棕色	V. A. W.
Sumitone A	有机酸 A	20～25	40～60	1.5～3.5	20～60	金棕色	住友轻金属
Sumitone B	有机酸 B	15～20	40～60	1.5～3.5	20～60	黑棕色	住友轻金属

注：铝材的性质、电解条件的组合会影响氧化膜的颜色。

有色阳极氧化膜的发色原因也没有定论。著名的发色理论有硫化物理论、铝-胶质理论、捕获电子理论和氧化膜结构理论等。硫化物理论认为是电解液中硫酸根分解后混入氧化膜中的硫发色。铝-胶质理论认为，如图 49.1 所示，在"Kalcolor"

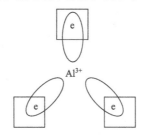

图 49.1　三个阴离子空位与 Al 的
电子形成共用电子对

电解液里阳极氧化时，氧化膜中存在没有被氧化的金属铝的胶质粒子，铝-胶质粒子是发色的原因。捕获电子理论认为，在如图 49.1 所示的状态下，氧化膜中电子被捕获，这是发色的原因。

在某种实验条件下，铝表面可以形成大量黑色斑点（点蚀）。此时，电解着色法与点蚀相差无几。自然发色法的有色阳极氧化膜是在近似于点蚀状态下形成均匀氧化膜，这就是氧化膜结构理论。氧化膜结构理论的另一个观点如图 49.2 所示，阳极氧化膜的孔不是规则的垂直孔，光照射后的散射产生发色效果。

(a) 无色阳极氧化膜　　　　(b) 有色阳极氧化膜

图 49.2　规则结构与不规则结构

一直以来，用自然发色法只能得到黄色、褐色和黑色的有色阳极氧化膜，后来也有文献报道，可以形成绿色和灰色的有色阳极氧化膜，但具体情况不明。

根据笔者的研究，在高锰酸钾-硫酸混合溶液中阳极氧化，可形成绿色和灰色的有色阳极氧化膜。该溶液是不含有机酸的自然发色溶液。

50　低温硫酸溶液中形成的阳极氧化膜为什么是褐色的？

铝在 0℃ 左右的硫酸溶液中进行阳极氧化，可以生成褐色至黑色的有色阳极氧化膜，这种自然发色法叫作"Duranodic 100"。低温电解液有色阳极氧化法的实验数据见表 50.1。

表 50.1　1100 合金低温氧化膜自然发色

电解溶液（H_2SO_4 体积分数）/%	电流密度/(A/dm²)	电解液温度/℃								
		0			+5			+10		
		电解时间/min								
		20	40	80	20	40	80	20	40	80
2.5	2.1	褐色*	褐色*	褐色	褐色*	褐色*	暗灰色	灰色*	灰色*	褐色*
	4.3	灰褐色	褐色	黑色	淡灰色	褐色	黑色	褐色*	褐色*	褐黑色
	8.6	褐色	黑色	灰黑色	褐色	黑色	褐色	褐色	褐黑色	灰黑色

电解溶液 (H_2SO_4 体积分数) /%	电流密度 /(A/dm²)	电解液温度/℃								
		0			+5			+10		
		电解时间/min								
		20	40	80	20	40	80	20	40	80
5	2.1	银灰色*	褐灰色	褐色	淡灰色*	灰色	灰褐色	银色*	银灰色	淡灰色
	4.3	褐灰色	褐色	褐黑色	黄灰色	褐黑色	褐黑色	淡黄色	灰褐色	暗灰色
	8.6	褐色	褐黑色	灰黑色	暗褐色	黑色	褐黑色	灰褐色	暗褐色	灰黑色
10	2.1	银灰色*	淡黄色	淡灰色	银灰色*	银灰色	淡灰色	银色*	银色	淡灰色
	4.3	黄灰色	淡灰色	褐黑色	淡黄色	淡灰色	褐黑色	淡黄灰	黄灰色	暗褐色
	8.6	淡灰色	暖黑色	黑色	青铜色	褐黑色	灰黑色	黄灰色	暗褐色	灰黑色*

注：标※的表示颜色不均匀。

该有色阳极氧化膜的生色原因与前面提到的诸理论一样，也是没有定论。

以低温阳极氧化膜为首的，自然发色氧化膜耐磨性最好，且硬度最高，这是因为电解液对氧化膜的溶解力较弱且电解电压高，所以形成的阳极氧化膜的多孔层孔壁较厚。

51 Ematal 溶液阳极氧化膜为什么是不透明的白色？

表 51.1 所示为铝在草酸钛钾溶液中进行阳极氧化时，形成瓷白色不透明的氧化膜。这是早就广为人知的特殊阳极氧化法。关于氧化膜白色不透明的原因，有报道称，"根据 X 射线显微分析仪的研究结果，如图 51.1 所示，氧化膜中存在钛。"考虑到二氧化钛是白色的颜料，可以认为这研究结果是合理的，但是笔者对此研究结果难以苟同。从笔者的研究结果来看，表 51.1 中，如果用草酸钠溶液代替草酸钛钾进行阳极氧化，阳极氧化的电流-时间曲线与用 Ematal 溶液是一样的，且氧化膜的外观也一样。Ematal 法的生色原因并不是钛，而是图 34.1 所示的分枝状氧化膜结构所致。

表 51.1 Ematal 法概要

槽液组成	草酸钛钾	40g/L
	柠檬酸	1g/L
	草酸	1.2g/L
	硼酸	8g/L
电流密度	$2\sim3A/dm^2 \rightarrow 1\sim1.5A/dm^2$	
电压	120V	
温度	$50\sim70℃$	
时间	$20\sim60min$	
膜厚	$10\sim30\mu m$	
氧化膜外观	瓷白色	

图 51.1 所示为氧化膜中的钛分布，因此即便氧化膜中混入钛也不是其生色的直接原因。

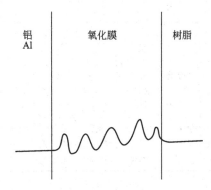

铝
Al   氧化膜   树脂

图 51.1　X射线分析结果

除了 Ematal 溶液以外，还有低浓度的磷酸溶液、铬酸溶液、草酸溶液、硼酸钠溶液等也都可以生成不透明白色氧化膜。而且，不管哪种都是图 34.1 所示的那种枝状结构氧化膜。

第五章　电解着色

52　电解着色是谁发明的?

如图 52.1 所示，在金属盐水溶液中用交流电电解阳极氧化膜，阳极氧化膜孔中的金属沉积使阳极氧化膜着上色。

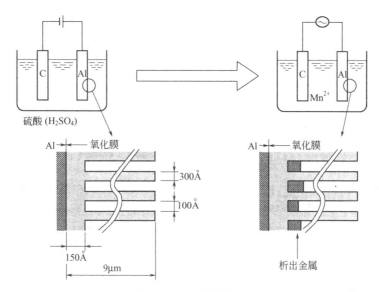

图 52.1　电解着色法

这一着色法叫电解着色法或者二次电解着色法，有时也称作"浅田法"。此着色方法是 1936 年意大利人 V. Cabonni 发明的。但此发明在几十年里都没有得到重视。20 世纪 60 年代，浅田太平博士申请了交流电着色法的专利，正好顺应时代的需求，实现了工业化。

电解着色法普及的根本原因是其适用于铝建材着色这一时代需求。阳极氧化膜染色后的铝建材在太阳光下容易褪色。自然发色法虽具有优秀的抗老化性，但从节省能源的角度出发逐渐被淘汰了。

基于这一历史背景，电解着色法也有被称作"浅田法"的。浅田法由 ALCAN 公司介绍给了全世界，到如今已经世界性普及了。随后，又研究开发了在金属水溶液中脉冲电解阳极氧化膜着色法和直流电解着色法。

53 二次电解阳极氧化膜时会发生什么样的反应？

根据阳极氧化膜的厚度、二次电解溶液种类及所施加的电压的类型不同，二次电解中所起的反应也不同。一方面，二次电解氧化膜的阳极反应有：
① 形成厚的阻挡层；
② 产生"裂纹"；
③ 水的阳极分解反应；
④ 阳极氧化膜孔中的酸化；
⑤ 膜孔中的 H^+ 发生中和反应；
⑥ 阳极氧化膜的化学溶解和电化学溶解；
⑦ 形成新的多孔层；
⑧ 电流恢复现象。
另一方面，氧化膜的阴极反应有：
① H^+ 的阴极还原反应；
② 残留氧的阴极还原反应；
③ 金属离子的阴极还原反应；
④ 阳极氧化膜孔中的碱性化；
⑤ 阳极氧化膜孔中形成金属氢氧化物；
⑥ 阻挡层的破坏和阳极阳化膜的"开裂"。
交流电解阳极氧化膜时的反应是因交流电解液的 pH 值不同而引起的反应。在强酸性溶液中，发生上述的阳极反应和阴极反应两种反应。在弱酸性溶液和中性溶液里几乎不发生阳极反应，只发生阴极反应。更进一步，交流电解不仅仅是阳极电解和阴极电解的组合反应，同时也有交流电解的独自反应。这类反应有：
① 法拉第电流和非法拉第电流；
② 阳极-峰值电流、阴极-峰值电流及电容电流随时间的变化；
③ "交流阳极氧化膜"的形成；
④ "交流电流恢复现象"。
最后，二次电解需注意的事项有：
① 氧化膜的化学溶解；
② 离子电流和电子电流的不同。
对上述反应的理解有助于加深理解阳极氧化膜的电解着色技术。

54 电解着色法为什么阳极氧化膜孔中会有金属沉积？

阳极氧化膜的主要成分是氧化铝。纯的氧化铝是不导电的绝缘体。阳极氧化膜不是纯的氧化铝，是近似于绝缘体的物质，或者称为半导体。如图 54.1 所示，金属离子在阳极氧化膜孔中沉积，电子必须向阻挡层表面移动。图 54.1 所示的电子果真是那样移动的吗？对于这个疑问没有定论，有各种各样的沉积理论提出。

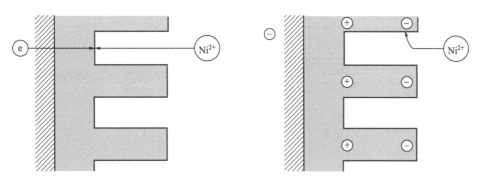

图 54.1　镍离子的沉积理论　　　　　　图 54.2　Bi-polar 理论

　　如图 54.2 所示，阳极氧化膜因难以导电，所以对其施加外加电压会产生双电层极化，金属在负极沉积，此观点也叫"Bi-polar 理论"。双电层极化，就如同用布擦拭塑料使其产生静电的现象一样。

　　如图 54.3 所示，阻挡层有缺陷部分，让电子流过此缺陷部分的理论叫作"缺陷理论"。此缺陷用英语时写作"flaw"。

　　如图 54.4 所示，在阻挡层里还有未被氧化的不纯物金属，让电子流过这个部分的理论称作"金属杂质理论"。

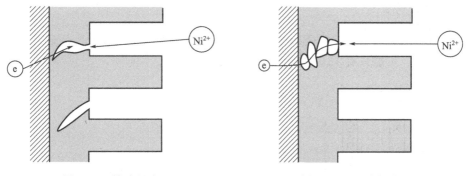

图 54.3　缺陷理论　　　　　　　　　　图 54.4　金属杂质理论

　　如图 54.5 所示，将阳极氧化膜视为半导体的观点，认为是像通过隧道般让电子在阻挡层移动，这个被称作"半导体理论"。半导体理论的另一个观点是，阻挡层由数层半导体材料层构成，半导体的 n-i-p 结合让电子流过。

　　这类理论都是缺乏实验论证的构想，没有定论。

　　阳极氧化膜孔中的金属沉积反应还有一个阴极超电压的问题。

　　电解着色是阳极氧化膜孔中的金属沉积，所以原理上与电镀相同。电镀时，为了溶液中的金属沉积，需要施加几伏的电压。但是，电解着色时需要施加十几伏到二十几伏的较高电压。

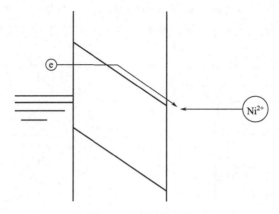

图 54.5　半导体理论

　　这一差异是由于阳极氧化膜存在阻挡层。因阻挡层难以导电，为了使金属沉积，有必要施加更高的电压。上述解释很多人都能够理解，但还需要再进一步对溶液所施加电压的内容加深理解。施加在溶液中的电压（V_{cell}）会按照图 54.6 所示进行分配。

　　当阳极氧化膜为负极时，施加交流电压的瞬间，可以将反电极视为正极。

　　电压降（V_c）首先出现在阳极氧化膜电极上，同时出现在对极极板上（V_a）。电压降（iR）出现在槽液电阻（R）上。槽电压的组成（V_{cell}）可以由式（54.1）表示。

$$V_{cell} = V_c + V_a + iR \qquad (54.1)$$

　　式（54.1）表明，并非全部槽电压都施加在阳极氧化膜电极上。例如，如果槽电压为 15V，可能只有 13V 施加在阳极氧化膜电极上。

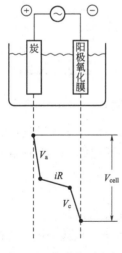

图 54.6　溶液电压内容

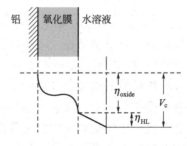

图 54.7　阴极电压内容

在电镀过程中，在负电极上的全部电压降（V_c）均用于沉积金属，但在电解着色工艺中，如图 54.7 所示，只有一部分电压降（V_c）用于沉积金属。阳极氧化膜电极上的电压降是阻挡层上的电压降（η_{oxide}）和因金属沉积造成的电压降（η_{HL}）的总和。可用式（54.2）表示。

$$V_c = \eta_{oxide} + \eta_{HL} \tag{54.2}$$

因 η_{oxide} 相当大，所以电解着色的电压比较大。还有，如图 54.7 所示，η_{oxide} 下降不是直线下降，而是曲线下降的，这是因为阻挡层的电特性是不均衡的。

由于阻挡层中的电压降是非线性的，如果阻挡层的厚度为想象的一半，则电解着色电压将不为一半。这可以从图 54.8 清楚地看出。

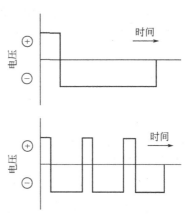

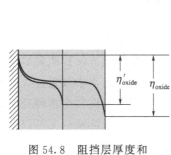

图 54.8 阻挡层厚度和
氧化膜过电压的关系

图 54.9 直流电解着色时
施加的阳极电压

在电解着色过程中，阻挡层的性质不是一成不变的。另外，电解着色过程中，阳极电压也对阳极氧化膜孔中的金属沉积有一定的影响。

原则上，负电压（阴极电压）就足以让金属沉积在阳极氧化膜微孔中。然而，在交流电解时，阴极电压和阳极电压是叠加的。即使在直流电解着色工艺中，如图 54.9 所示，如果施加阴极电压后再施加阳极电压，也可获得令人满意的着色。

如图 54.10 所示，阳极电压也可看作低交流电压与直流电压的间歇叠加，俗称艾登（AIDEN）过程。

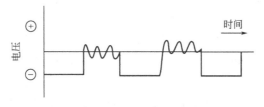

图 54.10 直流电解着色施加的交流电压

有关交流电解着色阳极电压影响的基础研究数据见图 54.11。在交流电解时，

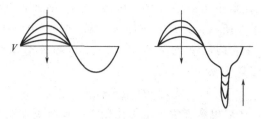

图 54.11　交流电解着色阳极电压的影响

如果负电压保持恒定，正电压降低，负半波电流峰值将随着降低，膜的颜色变浅。

浅田法的早期报告中有"交流电解着色中的正电压的作用是再形成阻挡层"这样的内容描述。这不是根据实验结果得出的结论，而仅是一种推论。还有一种说法是"正电压在阳极氧化膜上有促进氢气逸出的作用，氢气的快速逸出可以防止氧化膜产生斑状脱落"，这也只是推论。有关正电压的影响还没有科学的解释。

阳极氧化膜孔中的金属沉积会影响阳极氧化膜孔底阻挡层的表面状态，也已广为人知。

将阳极氧化后的阳极氧化膜放入自来水中或者蒸馏水中半天或者一天，电解着色也无法进行。此时将在自来水中放置过的阳极氧化膜再次放回到硫酸溶液里，浸泡数分钟后进行水洗、着色，阳极氧化膜则可以着上色。在水中放置过久的阳极氧化膜不能电解着色，是因为在水中放置后其阳极氧化膜的表面发生水解反应，表面失去活性。在自来水中放置过的阳极氧化膜再次放回到硫酸溶液后又可以着色，是阳极氧化膜上因为在水中放置后形成的水解产物被硫酸溶解除去了，阳极氧化膜又再次变得有活性了。

即便将阳极氧化膜长时间放置在硼酸溶液和硫酸镍溶液中，在镍盐溶液中电解着色仍可以着上颜色。阳极氧化膜放置在硼酸溶液中时，阳极氧化膜表面吸附了硼酸根离子，使水分子的吸附减少，从而抑制水解反应。

55　阳极氧化膜在电解着色液里进行电解时会发生什么样的变化?

一般来说，认为电解着色反应是金属离子沉积在阳极氧化膜孔中的反应，其化学反应见式（55.1）。

$$M^{n+} + ne \Longrightarrow M \qquad\qquad (55.1)$$

反应式（55.1）与电镀的反应式一样。所以，研究电解着色技术时，理解电镀理论知识非常重要。在电镀理论中，Gerisher 沉积理论是很重要的理论，下面对其进行讲解。图 55.1 是 Gerisher 沉积理论的示意图。水溶液中金属离子并不是裸露的离子（例如 Ni^{2+}），而是呈水合状态 $[Ni(OH_2)_6^{2+}]$ 或者复合离子态。水合金属离子向固相表面扩散或者泳动，随后在双电层上脱配位基而成为自由态金属离子。这些金属离子从金属表面得到电子而还原。金属原子扩散到金属相表面的生长

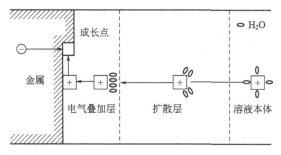

图 55.1　Gerisher 沉积理论模式

点结晶析出。

图 55.2 是 $NiSO_4$ 水溶液中铂电极的伏安特性曲线。

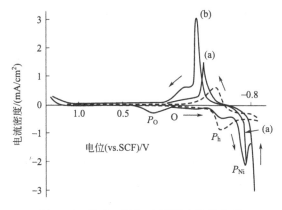

图 55.2　铂在 $NiSO_4$ 水溶液中的伏安图

在电解着色阳极氧化膜时，阳极氧化膜电解着色的同时，也发生在 Gerisher 的电沉积模型中所提到的现象。当然，阳极氧化膜上的沉积比起金属上的沉积反应要复杂得多。

阻挡层或多孔层的存在使电解沉积反应更加复杂。

为弄清楚电化学反应，电压-电流曲线能提供很多有益的信息。假设在溶液中仅存在金属离子，逐步提高电压并测量电流，得到如图 55.3 所示的电压-电流曲线图。

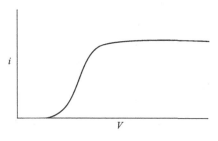

图 55.3　纯离子系的电压-电流曲线图

电压较小时，电压与电流是线性关系，随着电压升高，电压-电流曲线成指数曲线。电压进一步升高时，电流值就成一定值了。此时供给电极的离子达到极限速度，这个固定的电流密度叫极限电流密度。金属盐浓度越大，其极限电流密度越大。对溶液进行搅拌，其极限电流密度变大，但溶液温度对其没什么影响。图55.3是理想状态，因为一般在正常的水溶液中，金属离子进行还原反应的同时，还发生氢离子和残存氧的还原反应。

在酸性水溶液中，金属离子还原时，电压-电流曲线为图55.4的实线部分。可以将此实线部分的曲线图看成是由图中2条点状曲线组合成的曲线。例如，氢离子的还原电流（i_H）和金属离子的还原电流（i_M）的叠加就得到图55.4所示的实线。

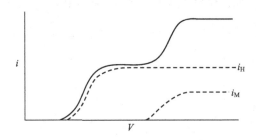

图 55.4　金属离子和氢离子的阴极还原

阳极氧化膜在硫酸镍-硼酸混合水溶液中，逐步提高所施加负电压，得到的电压-时间曲线如图55.5的实线所示。

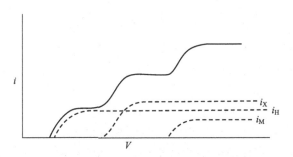

图 55.5　硫酸镍-硼酸混合水溶液中阳极氧化膜的阴极极化曲线

这一实线可以看成由3条曲线组成。从低电压开始产生的点状曲线是氢离子还原的电流，在高电压产生的点状曲线是镍离子的还原电流。但在中间电压所产生的点状线的曲线其归属不明。让电压直线上升进行实验，所得曲线如图55.6所示。图55.6是图55.5的微分曲线，图55.6也称为伏安曲线。由此图可以明确是发生了3种阴极反应。

阳极氧化膜阴极电解与电镀的不同之处在于，阳极氧化膜的多孔层厚度也会对阴极反应产生影响。

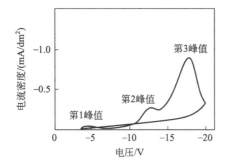

图 55.6 硫酸镍-硼酸混合水溶液
中阳极氧化膜的电压曲线

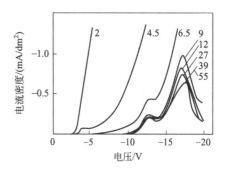

图 55.7 硫酸镍溶液中阳极氧化膜
的直流电解着色

（曲线上的数字是阳极氧化膜厚度，单位：μm）

交流电解着色时，阳极氧化膜的厚度有 $1\sim2\mu m$ 就够了，而直流电解着色时，阳极氧化膜的厚度低于 $6\mu m$ 则无法着色。

图 55.7 显示了采用电压扫描法研究氧化膜多孔层厚度对阴极极化特性的影响。

阳极氧化膜厚度在 $2\mu m$ 时，只能流过析氢电流；厚度 $4.5\mu m$ 时，只表现出第 1 电流峰值和第 2 电流峰值；厚度 $6.5\mu m$ 以上时，镍沉积电流也出现了。把图 55.7 的实验结果结合薄阳极氧化膜不能进行直流电解着色考虑，可以做以下的推测：多孔层厚度很薄时，因氢离子从大量水溶液中立即得到电子，阳极氧化膜孔中的 pH 值很难上升，只产生氢气。另一方面，多孔层厚度厚时，由于阳极氧化膜孔中氢离子的供给速度跟不上，阳极氧化膜孔中的 pH 值上升，pH 值上升有利于镍离子的沉积❶。

56 交流电解着色的电流波形为什么是畸变的？

图 56.1 为对金属丝、电容、二极管分别施加交流电压时的电流波形。

对金属丝施加正弦交流电压时，其电流波形也是正弦波。对电容施加正弦交流电压时，电流波形也是正弦波，但电流波形位置偏离了。这个偏离值（α）称作相位差。对二极管施加正弦交流电压时，因正电流不能通过，负电流仅在某个值以上才有电流通过。其原因请参考相关的书籍。

如图 56.2 所示，用浅田法对阳极氧化膜进行电解着色时有交流电流流过。形成畸变电流波形的原因是，浅田法电解着色时，整个体系相当于电阻、电容及二极管组合而成的体系。电流很难通过阻挡层，且具有储电性质是很容易理解的，阻挡层还有整流作用也是广为人知的。基于此，浅田法电解着色体系可以用如图 56.3

---

❶ 译者注：锡盐电解着色与镍盐电解着色，对膜厚和电压的要求不同的根本原因，是镍和锡的沉积电位有较大的差异。

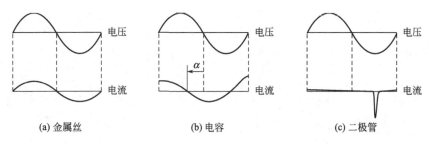

(a) 金属丝   (b) 电容   (c) 二极管

图 56.1   电压-电流关系曲线

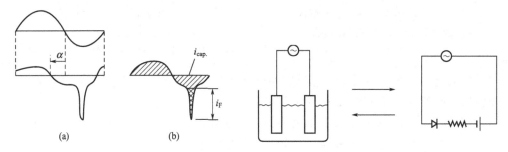

图 56.2   畸变电流的内容   图 56.3   浅田法的等效回路

所示的等效回路表示。

可以将图 56.2(a) 的畸变电流曲线像图 56.2(b) 所示，分成两部分电流来考虑。电流 $i_{cap.}$ 是阻挡层被充放电的电流，称为电容电流。电流 i_F 是发生电化学反应的电流，称为反应电流。浅田法电解着色时 $i_{cap.}$ 和 i_F 的变化如图 56.4 所示。

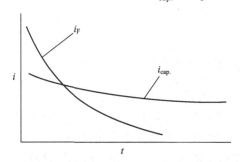

图 56.4   容量电流与反容量电流随时间的变化

$i_{cap.}$ 和 i_F 都随电解时间而变化。此时根据浅田法电解着色所显示阻挡层的电阻（阻抗）变大了，还原反应的速度随着电解时间的延长而变慢了。

为了详细研究交流电解着色的反应机理，可用各种方法对交流畸变电流进行测量。

将交流电流接入微分电路，可以分别测量电容电流（i_{NF}）和反应电流（i_F），其测量方法可用图 56.5 来说明解释。在同步示波器上测量交流电流时，往电解电路里插入电阻 R_0，将 R_0 两端的压降输入同步示波器进行测量。图 56.5(a) 的电

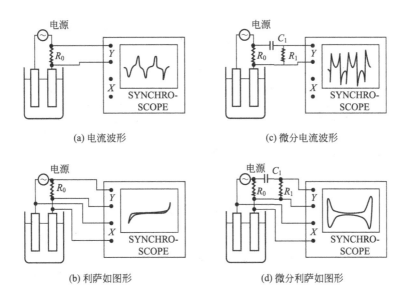

(a) 电流波形
(c) 微分电流波形
(b) 利萨如图形
(d) 微分利萨如图形

图 56.5　微分电流测量法

流波形是正弦波电流，即电容电流（i_{NF}），峰值电流即为反应电流（i_F）。同步示波器的 Y 轴和 X 轴输入电流信号（R_0 的端子间电压）和电压信号时，如图 56.5 (c) 所示，在同步示波器上显示的是"利萨如曲线"。相关的学会杂志已经发表了使用"利萨如曲线"进行研究的浅田理论和交流阳极氧化膜的研究理论。图 56.5 (a) 和 (c) 显示，无法精确测量电容电流（i_{NF}）和反应电流（i_F）。图 56.5(b) 所示，将测量电流用的电阻 R_0 横向接入 C_1 和 R_1 的电路时，可以测量反应电流的微分值。正弦波电流的电容电流由 C_1 和 R_1 组成的电路去除了。C_1 和 R_1 组成的电路也被叫作"微分电路"。有关反应电流的变化，与图 56.5(a) 相比，图 56.5(b) 能得到更为详细的信息。将微分电流和电解电压输入同步示波器的 Y 轴和 X 轴，可得到图 56.5(d) 所示的图形，由此图可以很容易理解电解电压和反应电压。笔者将图 56.5(d) 的图形命名为"微分利萨如图形"。用 1 台同步示波器就可以非常简单地进行验证，请务必试试。

用畸变电流解释浅田理论，除了上面提到的微分电流法和微分利萨如图形以外，还有频率分析法。这个方法并不是新的方法，是电学专家常用的标准的方法。作为畸变电流的频率分析方法，笔者用两个方法对浅田畸变电流理论进行了验证，这两个方法是：

① 用同步示波器的方法；

② 在计算机上使用傅里叶级数展开的方法。

图 56.6 所示的是采用同步示波器，用频率分析法所显示的畸变电流。近年来，一种比同步示波器更方便的仪器，即频谱分析仪，可以更方便地进行畸变电流的频率分析。

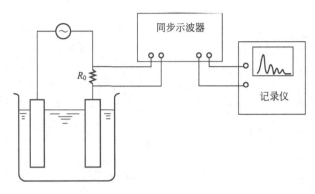

图 56.6 同步示波器频率分析法

图 56.7 是在电解着色工艺中电流畸变的频率分析结果。图中显示的是不同频率下畸变电流的组合。以 50Hz 的基本频率的电流为电容电流（i_{NF}），其他频率的电流总和由反应电流（i_F）来表示。从图 56.7 可以明显看出反应电流和电容电流在电解着色过程中随着时间的变化。

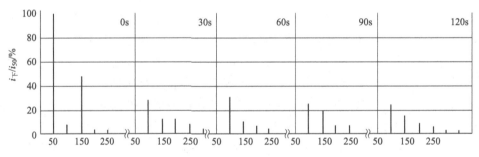

图 56.7 $NiSO_4$-H_3BO_3 溶液电解着色电流畸变的时间变化

57 电解着色的电极反应理论研究到什么样的深度了？

关于电解着色的电化学研究，下面引用川合慧的解释加以说明。

（1）阴极极化

在阳极氧化膜受到阴极极化时，当施加的电压克服阻挡层的电阻时，金属离子放电析出。电子由铝金属通过阻挡层以电子流的形式提供，即所谓的电子电流传导。

另外，在阳极氧化膜中，可以测得有 H^+ 和 SO_4^{2-} 通过。阴极极化初始，是 H^+ 通过，但是达到了一定极限值时后，变成了电子电流，可以看出，此时开始金属还原析出。

有报告称此极限电流大约是 $0.67mA/cm^2$，这个值是比较高的。由于离子电流是伴随物质移动的，所以可以想象在铝和氧化膜之间会有剥离现象发生。还有，阻挡层上的金属一旦析出，考虑到离子电流有中断的可能，因此也可以理解为，电解初期是电子电流和离子电流的叠加。

（2）扩散现象

在电解过程中，电解液中的所有离子都根据各自迁移数变成电流。在阴极表面金属离子放电沉积，因此，靠近表面的离子浓度降低。也就是说，金属离子的放电速度与扩散速度成正比。如果有其他导电盐存在，这类游离离子将分流迁移数量，因此，进一步限制了金属离子的到来。

将溶液表面及电极表面的金属离子的活度设为 a_0 和 a，扩散系数为 D，扩散层的厚度为 δ，扩散电流为 i，则：

$$i = -F^{\bullet} DZ \frac{a_0 - a}{\delta} \tag{57.1}$$

这里的 $D \approx 10^{-5}\,\mathrm{cm^2/s}$，$a \approx 0$，$a_0 \approx 10^{-4}\,\mathrm{mol/cm^3}$，$i \approx 0.005\,\mathrm{A/cm^2}$，当金属离子的 $Z=2$ 时，得到 $\delta \approx 0.05\,\mathrm{cm}$。

实际上，阳极氧化膜的厚度即便是 $10\mu\mathrm{m}$ 厚，对扩散层来说，此厚度已经足够了。由于微孔直径为 100Å，电解是在非常小而薄的膜孔中进行的，也就是说，进行的是多微孔电解。想通过搅拌或对流来供给金属离子很困难，因此离子只能通过扩散来供应。也就是说，微孔中的电解反应可以认为是由扩散速度控制的。见图 57.1。

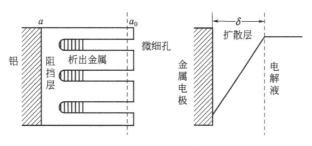

图 57.1　微孔附近扩散状态

众所周知，瓦特型（Watt-type）镍盐电解着色不能获得均匀的颜色。已知镍离子在沉积前是通过中间化合物还原的，但据估计，这种反应在扩散控制中被抑制。

（3）交流极化（AC polarization）

如果扩散层的厚度增加，浓度极化进一步加大，会阻碍金属的均匀沉积。当产生交流极化时，已知道可减少此现象。

交流极化过程中，由于阳极极化，有金属在电极上不析出的瞬间。在此期间，由于电极附近的浓度恢复，其结果就是扩散层变薄了。

设交流频率为 f，则：

---

❶ 译者注：F 为电量，单位 C。

$$\delta = K\sqrt{D/f} \tag{57.2}$$

这里，K 是常数。因此，可以明确，扩散层的厚度随着频率增大而减小。

另外，将交流的角频率定为 ω，用 $i_0 \sin(\omega t)$ 代入交流电流 i，浓度极化 η 则有：

$$\eta = \frac{RT}{(2F)^2} \times \frac{i_0}{\sqrt{\omega D a_0}} - \sin\left(\omega t - \frac{\pi}{4}\right) \tag{57.3}$$

这里 $\sin(\omega t) \approx 1$，并将各自的数字代入其中，得出 $\eta = (1 \times 10^{-2} i_0)\text{V}$ 的近似值。这个值与直流极化值（$1 \times 10^{-1}\text{V}$）比是相当小的，即浓度极化变小。

实际上阳极氧化膜的交流电解着色是均匀的电沉积，所以观察到的覆盖能力优异。该工艺在工业用大尺寸材料或复杂挤压型材的着色中起着重要作用。

58 交流电压的频率和溶液温度对着色有何影响？

交流电解着色通常在 $50 \sim 60\,\text{Hz}$ 之间进行，下面将介绍频率对交流电解着色的影响。

如图 58.1 和图 58.2 所示，在硫酸镍-硼酸混合水溶液中，铝阳极氧化膜交流电解着色时，交流电压的频率变高时无法进行着色。从图 58.1 可以明确：交流电压频率在 $100\,\text{Hz}$ 以下时，阳极氧化膜着色的颜色是一致的，频率为 $250\,\text{Hz}$ 时，颜色变灰，$500\,\text{Hz}$ 以上的交流电压则无法着色。图 58.2 利萨如图形为交流电压频率发生变化时的电流波形。交流电压频率在 $100\,\text{Hz}$ 以下时，能观察到阴极-峰值电流，在 $250\,\text{Hz}$ 时阴极-峰值电流变小，$500\,\text{Hz}$ 以上，则可以认为没有阴极-峰值电流。交流电压的频率变大时，只发生氧化膜的充放电，镍离子的电沉积电流消失。

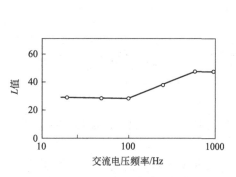

图 58.1 交流电压频率与颜色
深浅（L 值）的关系

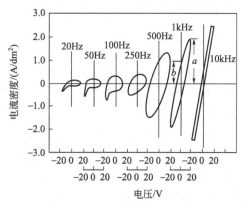

图 58.2 交流电压频率与电流的关系

可用图 58.3 所示的等效回路来说明。频率低时，两个支路都有电流流过；频率升高，氧化膜电阻变小。为什么呢？因为氧化膜的电阻可用 $1/(2\pi f c)$ 来表示，

这里的 f 是频率，c 是电容量。

用硫酸铜溶液进行电解着色时，即便是 1kHz 的交流电压也可以进行着色。为什么在硫酸镍溶液和硫酸铜溶液里，电解电压频率的影响不同？用图 58.3 所示的等效电路来解释，就是硫酸铜溶液反应电阻相当小。即便交流电压频率为 1kHz，反应电阻的大小与氧化膜电阻的大小几乎相同，在交流电压频率为 1kHz 时阳极氧化膜仍可电解着色。

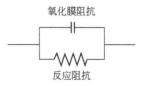

图 58.3　浅田法等效回路图

一般来说着色溶液温度在 25℃ 左右较佳，着色溶液温度的影响具体如下。

图 58.4 是阳极氧化膜在硫酸镍-硼酸混合溶液中进行交流电解时，溶液温度和阳极氧化膜颜色深浅度的关系曲线图。纵坐标 L 值表示颜色深浅，L 值越大，颜色越浅；L 值越小，颜色越深。溶液温度在 20℃ 以下时只能着成浅色。温度低时，离子迁移速度慢，亦即反应速度慢，因此颜色较浅。溶液温度在 30～60℃ 之间时可着成深色，着色能力良好。温度超过 60℃ 时又着成浅色。这是因为溶液温度在 60℃ 以上时，因阳极氧化膜的封孔作用，氧化膜的表面失去活性，电解着色反而变慢了。

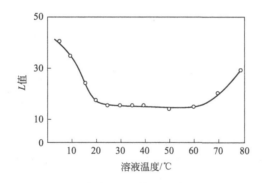

图 58.4　硫酸镍-硼酸混合溶液温度与阳极氧化膜颜色深浅度的关系

59　电解着色时的电流-时间曲线为什么成衰减曲线？ ❶

以恒压直流对阳极氧化膜进行电解着色，阴极电流-时间衰减曲线如图 59.1(a) 所示。同样，交流电解着色时的电流-时间曲线也成衰减曲线，在恒压下进行电解着色时的电流-时间曲线如图 59.1(b) 所示，表明电解初始（1s 以内）电流是下降的，然后保持一定值。电解着色初始阶段的电流是双电层的充电电流，其后的恒流，意味着金属电析按一定速度一直在进行着。氧化膜电解着色过程中，由于氧化

---

❶ 译者注：根据日本人后来的研究，氧化膜孔中的沉积物，根据沉积高度的不同而不同，有金属的胶体和金属不同价态的氧化物。

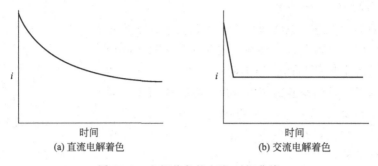

(a) 直流电解着色　　　　　　　　(b) 交流电解着色

图 59.1　电解着色的电流-时间曲线

膜电阻（阻抗）逐渐增大，电解着色过程中的电流逐渐减小。阳极氧化膜的电阻逐渐变大有两个因素，即

　　① 阻挡层的电阻增大；

　　② 阳极氧化膜孔中析出电沉积物，电阻增大。

　　可以测量电解着色时的总电阻（总阻抗），但不能单独测量电解着色中阻挡层的电阻。

　　在电解着色反应中，阳极氧化膜孔中生成的阻抗物质是金属氢氧化物。浸泡在电解着色液中的阳极氧化膜孔中除了存在 Ni^{2+}、Sn^{2+}、H^+、OH^- 以外，还有 Al^{3+}。Ni^{2+}、Sn^{2+} 及 H^+ 被阴极还原了，但是 Al^{3+} 没有被阴极还原。阳极氧化膜孔中因 H^+ 被还原而变成了碱性。同时在阳极氧化膜孔中形成 $Al(OH)_3$，$Al(OH)_3$ 胶质物削弱了电解着色的电流。电解着色液中的 Al^{3+} 含量增加时，阳极氧化膜就不能再着色了，也就是说，颜色变浅的原因是阳极氧化膜孔中 $Al(OH)_3$ 的形成。在阳极氧化膜孔中形成 $Al(OH)_3$ 胶体的示意图见图 59.2。在电解着色溶液中添加 Mg^{2+}，因在阳极氧化膜孔中形成 $Mg(OH)_2$，所以阳极氧化膜呈浅灰色。图 59.3 和图 59.4 所示的是，往硫酸镍-硼酸混合溶液里分别添加硫酸铝和硫酸镁时的阳极氧化膜的阴极极化曲线。因添加了 Al^{3+} 和 Mg^{2+}，镍离子的阴极还原电流减少了，同时也确认 Al^{3+} 和 Mg^{2+} 的添加会使着色底色发灰或者不能着色。

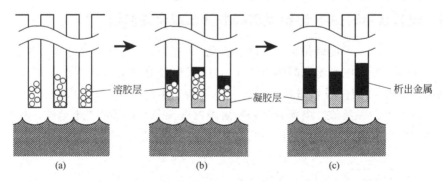

图 59.2　阳极氧化膜孔中形成金属氢氧化物胶体的示意图

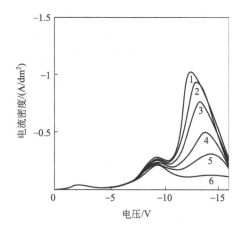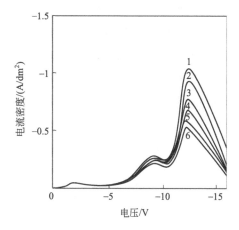

图 59.3　对 $NiSO_4$-H_3BO_3 溶液中的阳极氧
化膜进行阴极极化时 $Al_2(SO_4)_3$ 含量的影响

1—0g/L；2—0.5g/L；3—1.0g/L；

4—1.5g/L；5—2.0g/L；6—10g/L

图 59.4　对 $NiSO_4$-H_3BO_3 溶液中的阳极氧
化膜进行阴极极化时 $MgSO_4$ 含量的影响

1—0g/L；2—0.5g/L；3—1.0g/L；

4—3.0g/L；5—5.0g/L；6—10g/L 和 30g/L

60　电解着色生产线为什么必须进行严格的生产管理？[1]

阳极氧化膜进行电解着色时，存在不能完全均匀着色的可能性，在整个膜层表面获得均匀着色的技术难度很大。不能均匀着色也称"色差"。

产生色差的原因是多方面的，不能一概而论，主要有两个原因。

① 因阳极氧化膜自身存在不均匀性所引起的色差；

② 电解着色时的电流分布不均匀所引起的色差。

在大的电解槽中生成的阳极氧化膜，铝材的四周和中间部分氧化膜的多孔层厚度和阻挡层厚度会产生差异。铝材形状有凹凸时，在其下凹部位和凸起部位也会有膜厚度差异。这种阳极氧化膜在电解着色时，无论如何也难以避免产生色差。

另外，即便是均匀的阳极氧化膜，电解着色时由于电流分布不均匀，仍然容易产生色差。

为了避免产生色差，必须研制出能生成尽可能均匀的阳极氧化膜和电流分布均匀的着色溶液。有一种专利是使用某种特殊电压波形使色差变小。除同一阳极氧化膜的色差以外，不同氧化产品之间的色差也需重视。多数情况下，产品颜色的差异与着色槽液的老化有关。

即便是一样的阳极氧化膜和相同着色溶液，因电解着色时施加电压的方式及电

---

❶ 译者注：日本现在的 UNICOL 技术，从原理上可以避免色差的产生，它使用定电流的矩形波方式，严格控制电量，从而控制镍的沉积量，最大的难点在于复杂断面的电化学当量面积的计算，同时，此种方法槽液的配比相对于一般的单镍盐着色要复杂。

压波形的差异，电解着色后的阳极氧化膜色调也有所不同。比如，采用硬启动或者软启动，色调差异也会不同。如图 60.1 所示，电解着色时瞬间施加到目标电解着色电压称为"硬启动"，慢慢施加着色电压或者阶段性加压称为"软启动"。采用硬启动和软启动的着色阳极氧化膜的色差，仍可用电沉积金属的胶质粒度分布的不同加以说明。

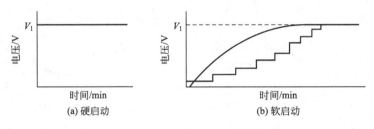

图 60.1 "硬启动"和"软启动"

在金属板上电镀时，因电流密度的差异会造成电镀层的光泽不同。低电流密度电镀时一般是光亮镀层，高电流密度电镀时镀层比较粗糙，为非光亮镀层。电流密度不同，其电析状况也有所不同，从而产生差异。阳极氧化膜电解着色时，因初始电流较大，同时施加额定的电压，若此时施加的电压比额定的电压低，其金属析出状况将会产生差异。基于此，使用软启动或硬启动会使得到的着色阳极氧化膜的色调产生一定的差异。交流电压是正弦波还是整形交流电压，其金属析出的状况随之改变，氧化膜的色调也随之产生变化。采用直流电压、高频交流电压、脉冲电压，以及交、直流叠加电压等进行电解着色时，阳极氧化膜着色的色调变化，也可用上述解释说明。电压波形不同使析出反应的速度和反应结构出现变化，其结果就是金属胶质的粒度分布发生变化。

其他的不良的电解着色列举如下。

① 常说某种铝铸件用电解着色法无法均匀着色，相反，另外某种铝铸件用电解着色法可以均匀着色。

电解着色不能完美进行，从某种意义上来说并不是电解着色本身的问题，而是铝铸件上生成的阳极氧化膜的缺陷所致。

图 60.2 所示的是大家常说的某种铝铸件无法生成均匀阳极氧化膜。进行电解着色处理时，阻挡层厚度的变化非常明显，其多孔层非常薄，当然无法均匀着色。铝铸件阳极氧化膜厚度不均匀也无法均匀着色。还有一个思路，在某种铝铸件上生成的阳极氧化膜，因没有整流作用也不能进行电解着色。有研究论文认为，为了让阳极氧化膜能够进行电解着色，有必要让其对交流电有整流作用。

② 使用钛丝绑铝材进行阳极氧化时可生成均匀的阳极氧化膜。可对此阳极氧化膜进行电解着色，钛丝附近的阳极氧化膜将无法着色，因此阳极氧化膜电解着色时一般不使用钛夹具。为何钛夹具附近不电解着色？有"因钛和铝接触，有电极电位差（由于不同金属的组合产生的电位差）而不能电解着色"的推论，但是没有得

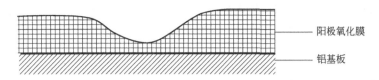

图 60.2　在某种铝铸件上生成的阳极氧化膜

到实验验证。如果是电极电位差的原因，那么所有的阳极氧化膜不就都不能着色了吗？

钛溶解造成钛离子在阳极氧化膜孔中变成氧化钛析出，妨碍了镍离子的析出的说法是不是更妥当呢？

61　为什么直流电解着色短时间内就可获得深色？

图 61.1 为电解着色时间和阳极氧化膜着色颜色深浅的关系曲线。纵轴的数值越小表示颜色越深。与交流电解着色相比，直流电解着色较短的时间就可获得深色。这是因为直流电解着色时不间断地施加额定的阴极电压，而交流电解着色施加阳极电压或者阴极电压时，会有时间浪费掉。

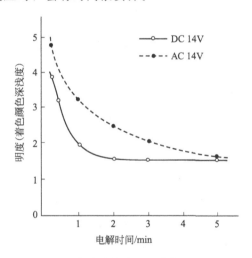

图 61.1　交流法与直流法着色速度比较

1100 板，9μm 硫酸阳极氧化膜，$NiSO_4$ 50g/L，H_3BO_3 30g/L 的溶液，温度 20℃

从着色时间来看，直流法有着色时间短的优点，但总的来看，不能肯定直流法相对于交流法是什么特别优秀的技术。因直流法和交流法都有未曾公开的专业技术诀窍，所以无法对两者进行全面的比较。直流法的优点有：①着色时间短；②着色覆盖能力优秀。直流法的缺点是：①着色时容易受到杂质离子的影响；②不仅仅是负电压，有时还需施加正电压等。

最近也有采用负电压与交流电压叠加使用的电解着色法或采用特殊脉冲电压的电解着色法，这类着色法也存在未公开的专业技术诀窍。

62 为什么会发生剥离?

阳极氧化膜进行电解着色时，有一部分平行于表面如斑点状的氧化膜剥离现象发生，此斑点状氧化膜剥离也叫脱落（spalling）。并不总发生氧化膜剥离的现象，只有在实验条件不理想的情况下才会发生氧化膜剥离。据报道，氧化膜剥离受铝基材的质量、碱蚀条件和电解着色条件等影响。氧化膜剥离机理通常可用图 62.1 来解释说明。

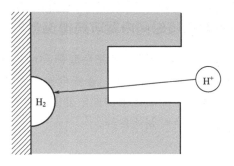

图 62.1　氧化膜剥离机理

着色时，氢离子因其半径较小而侵入阻挡层，氢离子不是在阻挡层/水溶液界面上，而是在铝基体/阻挡层界面上被还原的。随后氢原子生成氢气泡，因气压导致氧化膜剥离。这个解释看似顺理成章，但也有实验证明这个解释是不成立的。首先，最容易发生剥离的情况是有金属离子存在时。在硫酸溶液中生成的交流氧化膜，尽管有大量的氢气产生，但是几乎不会发生剥离。对直流电解着色法和交流电解着色法进行比较，我们发现直流电解着色法容易产生剥离。采用直流电解着色法时，即便 Na^+ 或者 K^+ 的浓度只有 10mg/L 也会产生剥离。有推论说 Na^+ 造成剥离是其与阻挡层中的 OH^- 结合形成了氢氧化钠，阻挡层被溶解了。

采取适当的措施，电解着色产生剥离的现象是可以避免的。添加某种有机酸或表面活性剂可防止剥离发生。据专利介绍，在给阳极氧化膜施加负电压前，在着色溶液中先行施加正电压，剥离就难以发生。

上述有关剥离的假设均没有经过缜密的基础性研究论证。

图 62.2 所示的是在阴极电流密度为 $-0.5A/dm^2$ 时，将 $10\mu m$ 厚的阳极氧化膜分别放入 0.01mol/L 和 1.0mol/L 的 H_2SO_4 溶液中进行恒电流电解时的电压-时间曲线。在 1.0mol/L 的 H_2SO_4 溶液中阴极电解时，阴极电压是 $-4V$，没有发生脱落现象。在 0.01mol/L 的 H_2SO_4 溶液中进行电解时，阴极电压达到 $-90V$ 时出现了氧化膜剥离，同时阴极电压下降。这个实验结果表明，造成氧化膜剥离的原因并

不是图 62.1 所示的氢气气泡造成的。在 0.01mol/L 的 H_2SO_4 溶液中进行阴极电解，由于阳极氧化膜孔内是中性的，水在阴极发生分解反应，阻挡层因电渗透现象而脱水，从而发生脱落。另外，在 1.0mol/L 的 H_2SO_4 溶液中进行阴极电解，因氧化膜孔内不是中性的，只发生氢离子的阴极还原反应，没有产生剥离。这个实验结果与在弱酸性镍盐溶液中容易出现氧化膜剥离，而在强酸性锡盐溶液中几乎不发生氧化膜剥离的事实吻合。图 62.3 所表示的是在 0.01mol/L 的 H_2SO_4 溶液中，用阴极电流密度为 $-2.5\sim-0.25A/dm^2$ 额定电流电解阳极氧化膜时的电压-时间曲线。$-0.25A/dm^2$ 时的曲线明确证明了阴极反应是分成两个阶段的事实。

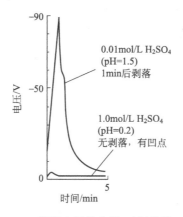

图 62.2　阴极电解的电压-时间曲线（1）

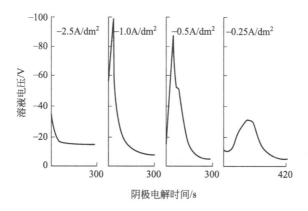

图 62.3　阴极电解的电压-时间曲线（2）

63　阳极氧化膜在硫酸铜溶液中交流电解时为什么着色颜色是绿色的？

阳极氧化膜在硫酸铜溶液中交流电解着色，通常生成赤褐色至黑色的着色膜，这是因为在阳极氧化膜孔中析出了金属铜。从图 63.1 所示的铜的电位-pH 值图也能看出金属铜析出。在特定条件下的硫酸铜溶液中，对阳极氧化膜进行电解着色可以得到绿色氧化膜。所谓特定的条件是指，在 0.5g/L 硫酸铜-150g/L 硫酸混合水溶液中对阳极氧化膜进行交流电解着色，可形成绿色氧化膜。某公司的专利表明，在硫酸镁-硫酸铜混合溶液中，对阳极氧化膜进行交流电解着色，也形成绿色氧化膜。有人认为形成绿色氧化膜的原因是生成了硫化铜，但从图 63.1 的电位-pH 值图就可以看出，生成硫化铜是难以想象的。从理论上来说生成硫化铜也是站不住脚的。

这一矛盾从图 63.1 也可看出，通常的电位-pH 值图只关注金属离子的动向，无视阴离子的影响。关于阴离子的影响，本书的观点是：主要是硫酸根或者硫离子的影响。同时，应该参照阴离子影响的特定的电位-pH 值图。从图 63.2 的电位-pH 值图可以解释清楚硫化铜的生成原因。

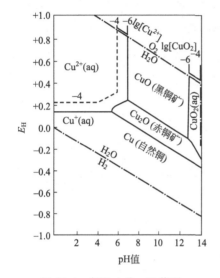

图 63.1　铜的电位-pH 值图

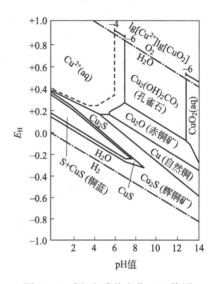

图 63.2　铜-硫系的电位-pH 值图

此外，还有很多种不同的电解着色溶液，根据电解着色溶液种类的不同，其电解着色反应也不尽相同。表 63.1 是电解着色溶液的分类。硫酸铜溶液属于单金属盐的酸性溶液，电解着色过程中不单是金属离子的析出，阻挡层也发生了变化。

表 63.1　电解着色溶液的分类

			酸性溶液
电解着色溶液	单独金属盐溶液	纯金属盐溶液	中性溶液
			碱性溶液
		金属含氧盐溶液	
	多种金属盐溶液		
	2 段着色溶液		

交流电解着色初始阶段，氧化膜的阻挡层因硫酸溶液而变成了交流氧化膜。对

于一个简单的电解着色液，如硫酸镍溶液，没有发生几何学上的结构变化，金属离子沉积在阻挡层上。对于碱性溶液，应考虑阻挡层的溶解。

钼酸盐溶液或高锰酸钾溶液等的金属含氧酸溶液，沉积的机理尚不清楚，而且，不知道在阳极氧化膜孔中到底是变成了金属，还是变成了金属化合物。有报告说在高锰酸钾液溶中进行电解着色，如图63.3所示，锰不是沉积在孔底，而是在孔壁的整个面上析出。

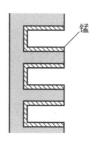

图 63.3　高锰酸钾溶液中进行电解着色

在多种金属盐溶液中，或是用 A 溶液和 B 溶液进行 2 次 2 阶段着色法，因缺乏基础性研究数据，所以还没有定论。

64　为什么在欧美使用锡盐而在日本使用镍盐电解着色？

铝建材开发初期，美国以自然发色法为主，而欧洲和日本则以镍盐电解着色法为主。随着时间的推移，由于镍盐着色的均匀性较差，同时还暴露出容易出现阳极氧化膜脱落的缺点，所以，目前在欧洲使用的都是锡盐电解着色法。其后美国从节约能源的角度出发，停止使用自然发色法，开始使用锡盐电解着色法。日本也有一段时期使用锡盐电解着色，但用锡盐进行褐色着色时，经常出现色调偏黄或偏绿的现象，由于锡盐着色存在阳极溶解，电泳涂装时还经常发生着色氧化膜掉色，所以现在几乎不再使用锡盐溶液进行电解着色了。

65　电解着色溶液为什么会老化？

不仅仅是电解着色液，碱蚀液（etching baths）、阳极氧化电解液、封孔液等都会出现老化现象。但是各种溶液的老化原因各不相同。电解着色液老化原因主要有以下 5 个方面。

① pH 值出现变化；

② 混入了有害离子；

③ 溶存铝离子增加；

④ 金属离子被氧化；

⑤ 添加剂分解。

硫酸镍溶液只有在弱酸性至中性时方可着色，因此，如果阳极氧化槽中的硫酸被带入电解着色液中，则阳极氧化膜不能着色。采用直流电解着色法时，混入 Na^+ 也会导致不能着色。因此，如果用自来水洗氧化膜，并将其带到着色液中，着色液中积累的 Na^+ 就有可能干扰着色过程。反复进行电解着色，着色液中 Al^{3+} 不断增加也会干扰着色进行。采用锡盐电解着色时，$Sn^{2+} \longrightarrow Sn^{4+}$ 的氧化反应是槽液老化的主要原因。往着色液中加入添加剂可以使其容易着色，但是被氧化或者被还原了的添加剂，对着色起反作用。比如，水溶性的有机化合物分解以后变成油性的有机酸，使阳极氧化膜表面具有疏水性而妨碍着色进行。

66　镍盐电解着色时为什么要添加硼酸？❶

硫酸镍和硼酸是镍盐电解着色溶液的主要成分。这里的镍盐溶液与电镀的镍盐溶液（Watt 溶液）几乎是相同的。表 66.1 对电解着色的镍盐溶液和电镀的镍盐溶液进行了比较。

表 66.1　电解着色溶液与电镀溶液比较

项目	电解着色溶液	电镀溶液
硫酸镍	30g/L	240g/L
氯化镍	—	45g/L
硼酸	30g/L	30g/L
pH 值	4.0～7.0	4.5～5.5
溶液温度	20～30℃	46～70℃
阳极电流密度	—	<1.8A/dm²
阴极电流密度	<0.5A/dm²	2～8A/dm²

两者最大的不同点是，在 Watt 溶液里含有氯化镍，而电解着色溶液里不含氯化镍。

阳极氧化膜吸附氯离子是造成阳极氧化膜腐蚀的原因，因此没有使用氯化镍。电解着色法对极大多使用碳钢或不锈钢，因为存在阳极溶解，所以没有必要添加氯化物。在电镀过程中，因为镍消耗量大，同时还要加大其极限电流密度，所以经常使用高浓度硫酸镍溶液。然而，在电解着色中，则不需要使用高浓度的硫酸镍

---

❶ 译者注：中国的学者目前没有发现锡、镍同沉积的证据，当然根据电化学原理，尽管在 pH 等于 1 的溶液中，锡、镍的沉积电位相差很大，我们提升镍离子的浓度到足够高的情况下，镍仍然可能沉积。但是实际情况下，提升镍的浓度很难。中国学者一般认为，在锡、镍混盐着色中，镍的作用是竞争沉积和增加电导率。同时，必须强调的是，因为这种着色方法，锡、镍都无法回收，环境污染较大，在中国，目前属于淘汰工艺。

溶液。

为何如此？如图 66.1 所示，这是因为在电解着色过程中，即使溶液中的镍离子浓度很高，但因其位于扩散层内侧，阳极氧化膜多孔层内的镍离子变成了低浓度。

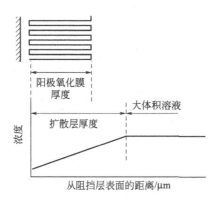

图 66.1 氧化膜层厚度与扩散层厚度的关系

高浓度镍盐溶液中，用电解着色法也可获得满意的着色效果，但是进出溶液时要消耗掉部分的镍而造成经济损失，因此从经济方面考虑，尽量采用低浓度镍溶液。在这种情况下，镍盐的极限浓度为 $15\sim20\text{g/L}$。

硼酸的作用类似于在电镀溶液中作为 pH 缓冲剂。在不含硼酸的硫酸镍溶液中对阳极氧化膜进行电解着色是无法生成着色阳极氧化膜的，而是生成绿色附着物吸附在阳极氧化膜表面。这是因为阳极氧化膜/硫酸镍溶液界面的 pH 值上升，氢氧化镍析出。但是加入硼酸作为添加剂则可生成着色阳极氧化膜，因为硼酸可以抑制界面的 pH 值上升。笔者认为，硼酸不仅仅只是 pH 缓冲剂，对镍离子来说也是络合剂。为什么这么说呢？因为使用硼酸以外的 pH 缓冲剂，电镀或者电解着色时通常难以达到良好的效果。

图 66.2 是说明镍沉积热力学的电位-pH 图。在大气压下，水溶液中的反应仅仅在图 66.2 的虚线表示的直线ⓐ和直线ⓑ的范围内进行。直线ⓐ和直线ⓑ交点处的 pH 值为 4。这意味着"在 pH 值低于 4 时，镍离子不会被还原，在 pH 大于 4 时，镍离子会还原成金属镍"。这种推理与镍溶液是弱酸性的事实相吻合。图 66.2 的电位-pH 值图涵盖了几乎所有的金属，因此，除了镍以外，用其他金属盐电解着色时，参照此图也会有很大帮助。

从图 66.2 的结果，我们已经看到，镍在 pH 值大于 4 时会沉积，但不清楚该沉积需要多长时间。因此有必要对镍沉积反应动力学进行研究。金属沉积的反应动力学研究一般可以由电压-电流曲线进行解释，电压-电流曲线也称为极化曲线或极化特性曲线。图 66.3 是镍的极化曲线模式图。

图 66.3(a) 所示的是在强酸性溶液中，产生氢气的电流过大，导致几乎没有

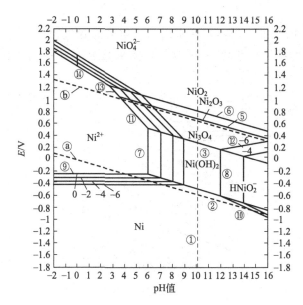

图 66.2　镍的电位-pH 图

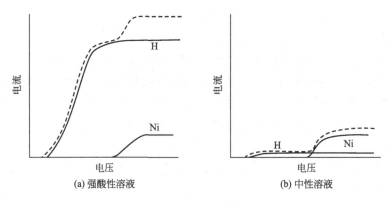

(a) 强酸性溶液　　　　　(b) 中性溶液

图 66.3　极化曲线

镍沉积。另外，在中性溶液中，产生氢气的电流过小，电流主要用于镍沉积。因此，在近中性溶液中镍析出是没有问题的。

在此必须注意，所谓金属析出时的 pH 值并不是指水溶液的 pH 值，而是与电极界面有关的 pH 值。特别是在阳极氧化膜上的金属析出，需留意阳极氧化膜孔中的溶液的 pH 值。

在硫酸镍-磷酸混合水溶液中对阳极氧化膜进行交流电解时可着色成蓝色。硫酸镍-磷酸混合溶液因含有磷酸，其 pH 值较低。在硫酸镍溶液中添加硫酸可降低 pH 值，但同时阳极氧化膜着不上色，但添加磷酸在降低 pH 值时却可以着色。这是因为镍离子可与磷酸形成络合离子。

金属离子变成络合离子后析出电压发生变化的情况比较多。

例如，图 66.4 可以解释添加磷酸后的镍沉积。与产生氢气的电位相比，Ni^{2+} 的析出电位更负，所以只产生氢气而不发生镍沉积。假如比起产生氢气电位来说，镍-磷酸络合离子的析出电位更正，则镍的沉积将优先发生。同样地，对锡盐溶液也可以这么理解。众所周知，电解着色阳极氧化膜的锡盐溶液有酸性溶液、中性溶液及碱性溶液，酸性溶液的 pH 值是相当低的。如图 66.5 所示，与产生氢气电位相比，锡离子的析出电位更负。因此，酸性锡盐溶液只产生氢气，没有锡析出。但是，当锡离子变成络合离子时，相对于产生氢气电位来说，析出电位正移，用低于产生氢气的电位就可使锡析出。

硫酸镍溶液里添加硫酸后阳极氧化膜不能电解着色。但是，再往溶液里添加硫酸亚锡，就可以对阳极氧化膜进行电解着色了，在阳极氧化膜孔中析出锡和镍，这个已经得到了确认。众所周知，在强酸性溶液里能析出锡，但是为什么还有镍析出呢？

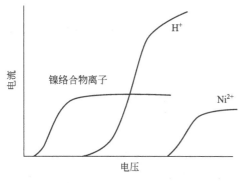

图 66.4　简单离子和复合离子的阴极还原

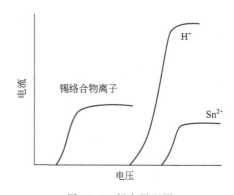

图 66.5　锡离子还原

在硫酸亚锡-硫酸镍-硫酸的混合水溶液中，镍析出的原因有两个假说。第 1 个假说是"锡催化剂说"。只有镍离子时，镍是难以析出的，但镍与锡共存时，镍析出变得容易了。第 2 个假说是"氢过电压说"。氢离子还原成氢气时，电压因电极的种类而不同。例如，在铂金上，氢离子是低电压还原；在水银上，为了还原氢离子要求有高的负电压。为了还原氢离子所需要的电压叫作氢过电压。如图 66.6 所示，在铂金上氢过电压较小，在水银上的氢过电压非常大。用水银电极时，因氢过

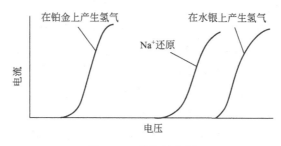

图 66.6　氢的过电压

电压较大，所以仅用钠离子就可以还原了。"水银法制造氢氧化钠"就是利用了这个特性的技术。但是这个技术会污染环境，所以不再使用了。

在锡上的氢过电压是很大的，从镍离子被还原或者变少了来看，在强酸性的锡-镍溶液中可以说锡和镍都析出了。1979 年 4 月出版的"Plating"上刊登有 Sn-Ni 的复合物共同析出的论文。

67　锡盐电解着色的溶液里为什么要添加甲酚磺酸?

在只含硫酸亚锡的溶液里，即便是对阳极氧化膜进行交流电解也可着色。但随着时间推移，无色透明的硫酸亚锡溶液逐渐变成黄色，且阳极氧化膜着不上色了。这是因为 Sn^{2+} 被氧化成了 Sn^{4+}，溶液变成黄色，随即阳极氧化膜也不能着色了。为了延长硫酸亚锡溶液的使用寿命，需要加入添加剂。在电解着色用的硫酸亚锡溶液中，早期专利里有添加甲酚磺酸或者苯酚磺酸。这类添加剂与电镀锡的溶液所使用的添加剂是一样的。对其后的专利进行调查，结果显示，电解着色用锡溶液的添加剂有十几种，可分为 3 类。

第 1 类：为锡离子的络合物；

第 2 类：为 Sn^{4+} 的还原剂；

第 3 类：为代替 Sn^{2+} 被氧化的试剂。

属于第 1 类的有甲酚磺酸或者苯酚磺酸类的添加剂。因形成络合离子后难以被氧化，络合剂作为锡溶液的添加剂进行使用。属于第 2 类的添加剂有硫脲和腙。根据 $Sn^{2+} \longrightarrow Sn^{4+}$ 化学反应，生成的 Sn^{4+} 用还原剂可将其再还原成 Sn^{2+}，基于此加入了还原剂。属于第 3 类的添加剂有亚铁离子等。Sn^{2+} 和 Fe^{2+} 共存时，与 $Sn^{2+} \longrightarrow Sn^{4+}$ 的氧化反应相比，$Fe^{2+} \longrightarrow Fe^{3+}$ 的氧化反应优先进行，抑制了 $Sn^{2+} \longrightarrow Sn^{4+}$ 的氧化反应。

68　金属在膜孔中析出为什么阳极氧化膜就着上色了?

不少研究者对电解着色膜孔中析出的到底是金属化合物还是金属进行研究。早期的研究当中大多数的研究结果都认为膜孔中析出的是金属氧化物，这是将电解着色后的阳极氧化膜用酸或碱溶解后，金属离子作为氢氧化物沉淀出来，随后将氢氧化物用炉火灼烧，再用严谨的重量分析法进行分析而得出的。

使用该法分析得出是金属氧化物的结论那是必然的，但由于连无损检测法都没有使用，所得数据很难认定为实际数据。其后用仪器分析法进行分析，得出的结论是孔内沉积物是金属。也有人认为是金属和氧化物之间的成分。还有研究结果说沉积物的主要部分由金属颗粒组成，这些金属颗粒的表面覆盖有一层氧化膜。也有人认为在钼酸盐、高锰酸钾等金属含氧酸盐溶液中进行电解着色时，可以沉积金属氧化物或者金属化合物。

　　除了特殊的着色溶液以外，对氧化膜孔中析出的金属能着色的解释是，"因金属胶质造成光的散射"。很多的金属呈片状的时候有银白色的金属光泽，但是把此金属变成微细粉末时，将变成黑色。这就是大的物体与其胶质粒子的颜色大相径庭的现象。在过去就广为人知，分散在液体（悬浮液）中的胶体颗粒表现出不同的颜色，这取决于颗粒的大小。天空的颜色是蓝色或灰色，取决于空气中的胶体粒子的大小。

　　在电解着色溶液中着色的阳极氧化膜的颜色也是由沉积在氧化膜孔隙中的金属胶体引起的。

　　着色阳极氧化膜颜色不一，呈浅黄色、褐色乃至黑色，这一点从图 68.1 可以得到解释和说明。通过电子显微镜观察，阻挡层的厚度并不均匀。析出金属粒度分布如图 68.2 所示。由于这种粒度分布，散射光具有较宽的波长分布，因此，氧化膜呈现棕色或黑色。

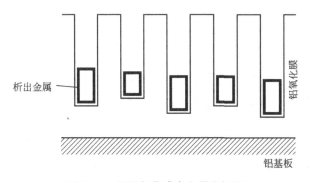

图 68.1　阳极氧化膜中金属电沉积

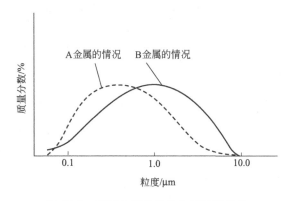

图 68.2　不同金属盐析出金属粒度分布

　　在镍溶液中得到的褐色和在锡溶液中得到的褐色色调多多少少有所不同，其原因可用图 68.2 来解释，即，金属胶质粒子的粒度分布取决于金属盐溶液，金属盐溶液不同，金属胶质粒子的粒度分布也不同。因此，散射光的波长分布发生变化，并观察到不同的色调。

69 为什么电解着色法可以获得多色阳极氧化膜?

研究已经证明,用电解着色法可以生成红-蓝-绿等多色阳极氧化膜。虽还没有实现工业化,但实验室里已经成功得到多色阳极氧化膜。

用电解着色有两种方法可以生成多色阳极氧化膜。即

① 通过调整阻挡层厚度来生成多色阳极氧化膜;

② 用彩色化合物的沉积来生成多色阳极氧化膜。

在硫酸溶液中用低电压进行阳极氧化处理,所获得的阻挡层很薄,因此阻挡层厚度的变化很小。如图 69.1 所示,用此样品进行电解着色,析出金属的粒度分布变窄了,散射光的波长也随之变狭窄,阳极氧化膜着色成红、蓝、绿等颜色(图 69.2)。实验数据见表 69.1。

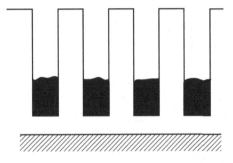

图 69.1　本色和有色阳极氧化膜

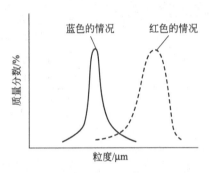

图 69.2　由胶体分散理论预测的本色系有色阳极氧化膜

表 69.1　硫酸溶液低电压阳极氧化膜用浅田着色法的氧化膜颜色

项目		一次电解(阳极氧化)电压(直流电压)					
		4V	6V	8V	10V	12V	13V
二次电解(电解着色)电压(交流电压)	4V	非着色	非着色	非着色	非着色	非着色	非着色
	6V	粉红色	粉红色	粉红色	非着色	非着色	非着色
	8V	绿色	绿色	粉红色	粉红色	非着色	非着色
	10V	金黄色	金黄色	赤绿色	粉红色	粉红色	棕色
	12V	蓝色	绿色	赤绿色	粉红色	棕色	棕色
	14V	绿色	绿色	赤绿色	赤褐色	棕色	棕色
	16V	青绿色	黄绿色	赤褐色	赤褐色	棕色	棕色
	18V	青紫色	黄绿色	黄绿色	黄绿色	棕色	棕色
	20V	淡绿色	淡红色	淡绿色	淡红色	棕色	棕色
	22V	赤紫色	粉红色	淡红色	淡褐色	棕色	棕色

一种专利的工艺是将硫酸阳极氧化膜放入磷酸溶液中再次进行阳极氧化后，在金属盐水溶液中进行交流电解着色，可以获得蓝色/绿色/灰色的阳极氧化膜。其原理如图69.3所示。

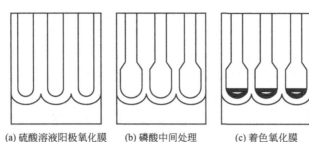

(a) 硫酸溶液阳极氧化膜　　(b) 磷酸中间处理　　(c) 着色氧化膜

图69.3　扩孔氧化膜的金属析出

如图69.3(b)所示，在磷酸溶液中再次阳极氧化时，因阳极氧化电压高，生成了大孔径的磷酸阳极氧化膜。随后，如图69.3(c)所示，有解释说由于金属在大孔径的氧化膜孔内均匀沉积而着成多色。这种解释是错误的，为什么呢？因为在草酸溶液或者Kalcolor溶液中也能生成大孔径的阳极氧化膜，这类阳极氧化膜即便是进行电解着色也不能生成多色阳极氧化膜。由于阴极反应，在磷酸阳极氧化膜孔中不能生成氢氧化铝胶体，其析出的金属呈均匀的本色。近年来，在磷酸溶液中用10V的交流电压进行电解，如图69.2所示，没有生成大孔径的磷酸阳极氧化膜。笔者将阳极氧化膜在磷酸溶液中浸泡后进行交流电解着色，得到了蓝色氧化膜。可以生成红/蓝/绿等多色阳极氧化膜的条件是，阻挡层厚度较薄且膜孔中没有氢氧化铝胶体生成。

如图69.4所示，在低温磷酸或铬酸溶液中生成的阳极氧化膜呈枝状结构，这种阳极氧化膜在镍盐溶液中进行电解着色，得到蓝色的氧化膜。因在枝状氧化膜中析出的金属分布特殊（图69.4），看上去是蓝色的。

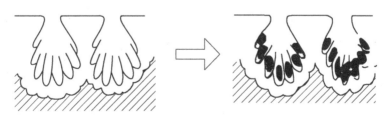

图69.4　浅田法在枝状阳极氧化膜中析出

另一个多色阳极氧化膜的实例如下。

将硫酸阳极氧化膜在硝酸钡溶液中进行交流电解，生成不透明白色氧化膜。其着色原因是阳极氧化膜中的硫酸根离子（SO_4^{2-}）和电解溶液中的钡离子反应，在膜孔中生成了硫酸钡（白色的化合物）。在低浓度硫酸铜溶液中交流电解硫酸阳极氧化膜，则得到绿色氧化膜。其原因是生成了硫化铜（绿色化合物）。

这类多色系阳极氧化膜因颜色的均匀性和重现性等方面有待改良而没有实现工业化。

综上所述，阳极氧化膜电解着色的颜色取决于氧化膜孔中沉积的金属的分布状况，因此可以说取决于金属盐的种类和氧化膜的膜结构两个方面。

这一点可以用很多实例进行解释，但也有不少的例外。比如，在硫酸铜溶液中对硫酸阳极氧化膜进行电解着色时，短时间内就得到红褐色，为金属铜的颜色。但随着着色时间加长，由铜胶质引起的光散射变多而呈黑色。在低浓度硫酸铜溶液中着色，孔中形成硫化铜而变成绿色。着色阳极氧化膜的色调随着氧化膜的几何构造的不同而变化，同时还受氧化膜中所含阴离子的影响。比如，草酸阳极氧化膜即便在硫酸镍溶液中进行交流电解也不能生成着色氧化膜。因金属盐的种类及氧化膜的种类的不同，电解着色氧化膜的颜色变化见表 69.2～表 69.4。

表 69.2　30g/L $NiSO_4$-30g/L H_3BO_3 混合溶液的电解着色

一次氧化膜	着色氧化膜颜色
常规硫酸阳极氧化膜	淡黄色～棕色～黑色(长时间 2 次电解为黑色)
15％(质量分数)H_2SO_4 溶液低电压电解氧化膜	绿色、蓝色、粉红色等本色
特殊合金在 15％(质量分数)H_2SO_4 溶液中用 15V 电压电解的氧化膜	不着色
发生电流恢复现象后的硫酸阳极氧化膜	灰色、蓝色
硫酸溶液交流电解氧化膜	褐色～黑色
草酸溶液氧化膜	不着色
磷酸或铬酸溶液氧化膜	褐色(一次低电压)、蓝色(一次高电压)
NaOH 溶液阳极氧化膜	褐色～黑色(易变黑)

表 69.3　特殊条件下的电解着色

一次电解条件	二次电解条件	着色氧化膜颜色
草酸溶液(DC)	$NiSO_4$	不着色
草酸溶液(DC)	$SnSO_4$	棕色、蓝色
草酸溶液(DC)	MnO_4^{2-} 盐(K_2MnO_4)	粉红色
草酸溶液(AC)	MnO_4^{2-} 盐(K_2MnO_4)	深黄色
草酸溶液(DC)	$MnSO_4$	浅黄色
草酸溶液(DC)	$ZnSO_4$	深黄褐色、绿色

一次电解条件	二次电解条件	着色氧化膜颜色
草酸溶液（DC）	$Al_2(SO_4)_3$	不透明黄色
磷酸或铬酸溶液（DC）	$SnSO_4$	蓝色
磷酸或铬酸溶液	$MnSO_4$	红褐色
磷酸溶液	Fe 盐	红褐色
磷酸溶液	Co 盐	棕色封孔后转黑色
硫酸溶液（AC）	Sn 盐	即使封孔也是棕色
硫酸溶液（AC）	$CuSO_4$	绿色
硫酸溶液（AC）	Mo 盐	橙色
硫酸溶液→$H_2SO_4[H_2SO_4(VH)$→$H_2SO_4(LV)]$	中间处理→金属盐	色调不同
硫酸溶液→$H_2SO_4[H_2SO_4(VH)$→$H_2SO_4(LV)]$→$H_3PO_4(H_2SO_4)$	中间处理→金属盐	蓝色
磷酸溶液	$NiSO_4$或$SnSO_4$	封孔后蓝色→黑色
草酸溶液	Ba 盐或 Ca 盐	不透明黄色

表 69.4 常规硫酸阳极氧化膜的电解着色

二次电解条件	着色氧化膜颜色
Ni 盐	黄色～褐色～黑色
Co 盐	黄色～褐色～黑色
Cu 盐	棕色、红褐色、黑色
Sn 盐	紫褐色系、橄榄色（茶青色）
Pb 盐、Ca 盐、Zn 盐	棕色
Ag 盐	艳黄绿色
Au 盐	红紫色
SeO_3盐	浅黄色
TeO_3盐	浅棕色
MnO_4盐	浅褐色
$NiSO_4+H_3BO_3+(NH_4)_2SO_4$	蓝色
Se 盐	红色

二次电解条件	着色氧化膜颜色
Cr 盐	绿色
Ba 盐、Ca 盐	不透明白色
Cu 盐-Sn 盐混合溶液	颜色因电压不同而不同
A 金属盐→B 金属盐 2 阶段着色	各种颜色
Mo 盐、W 盐	黄色、蓝色
交流以外的电源波形时	色调有差异
15% H_2SO_4 + $CuSO_4$	绿色
15% H_2SO_4 + $SnSO_4$	绿、蓝、紫、黄
硬启动或软启动	色调不同
电解电压或时间不同	浅→深
对极的种类	在某些情况下着不上色
H_3PO_4 + $NiSO_4$	绿、蓝、红
氰化亚铁	蓝色

70　为什么电解着色氧化膜具有良好的耐候性和耐蚀性？

　　浸渍在有机染料或无机金属盐中形成的有色氧化膜的耐候性较差，但电解着色法生成的着色阳极氧化膜则有优异的耐候性。

　　这一差异可用图 70.1 加以说明。用有机染料或者无机金属盐浸渍法着色，染料仅吸附在氧化膜表面，所以经常发生染料脱落或者因光照射而分解、脱色的现象。对阳极氧化膜的表面进行打磨，其着色部分会被磨去而褪色。

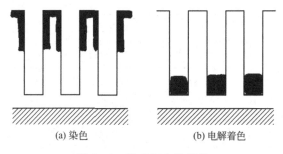

(a) 染色　　　　　　　　(b) 电解着色

图 70.1　染色与电解着色

　　另外，对于由电解着色法形成的着色氧化膜，因金属胶体沉积在氧化膜孔隙内，因此，没有因光照而发生分解的现象出现。近年来，一种新的有机着色方法是，将有色的有机物填充到阳极氧化膜孔中进行着色，生成的着色阳极氧化膜的耐候性优异。

下面就耐候性加以说明。

铜与铁在水里接触时容易引起金属腐蚀，这种由不同金属间接触所产生的腐蚀称为"电偶腐蚀"。如图 70.2 所示，将镍板和有阳极氧化膜的铝板浸泡在食盐水中，用电线将两者连接，电流通过导线后铝板膜被腐蚀。这是因为铝板发生了电偶腐蚀。

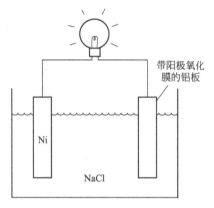

图 70.2　电偶腐蚀

有一种错误的观点认为："电解着色氧化膜因铝和析出的金属接触而发生电偶腐蚀"。

从图 70.2 和图 70.3 可以看出，二者虽有相似之处，但是也有所不同。其不同点如下：

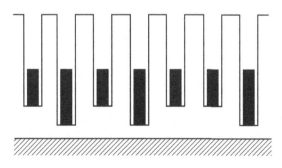

图 70.3　氧化膜孔中的金属沉积

① 铝基体和析出金属间因阻挡层存在，其互相之间是绝缘的；

② 析出金属不是块状金属而是胶质粒子；

③ 阳极氧化膜并非总是处在被氯离子浸渍的状态。

阳极氧化膜是阻挡层很薄且电绝缘性很高的氧化膜。因此铝基体没有直接和析出金属接触，也没有发生不同金属间的电偶腐蚀。另外，当外加高电压时，阻挡层电阻与没有施加高电压时明显不同。当负电压施加在氧化膜上时，阻挡层的电阻很小，因此，金属离子可以沉积在氧化膜的孔隙中。

即使阳极氧化膜孔中析出的金属是以最大密度填充的最大粒子，其直径也仅100Å，最长的也仅1000Å左右。类似这么细微的金属粒子，且其电子自由活动的范围窄小，能否像一般金属板或者金属块那样以自由电子存在值得怀疑。

即便是不同金属间进行接触，没有水也很难发生电偶腐蚀。在严酷的环境下，膜孔中不含析出金属的自然发色氧化膜也会产生腐蚀，所以应摒弃"电解着色氧化膜是不同金属间电偶腐蚀"的不正确想法。

但是，在铜盐溶液中电解着色的阳极氧化膜耐蚀性较差。

一些研究报告已经公布确认，与没有着色的氧化膜比较，在硫酸镍溶液中电解着色的阳极氧化膜更耐腐蚀。然而，在铜盐溶液中电解着黑色的阳极氧化膜耐蚀性能并不好。有一种倾向认为，在铜盐溶液中电解着色时，因铝与氧化膜孔中析出的铜之间产生了不同金属间的电偶腐蚀，从而产生腐蚀。即产生腐蚀的原因并不是铝和铜本身的组合造成的。为何有此一说？其实在铜盐溶液里电解着色形成的赤褐色阳极氧化膜的耐蚀性并不是那么差。即便是在阳极氧化膜孔中析出金属铜，但只要没有破坏掉氧化膜的阻挡层，就不会发生腐蚀。在铜盐溶液中短时间电解着色，阳极氧化膜呈赤褐色。此时因电解时间短，阻挡层几乎未被破坏，所以赤褐色阳极氧化膜的耐蚀性是不错的。但是，用铜盐溶液着黑色阳极氧化膜时，要在硫酸-硫酸铜混合溶液中停留很长时间（5～10min），此时阻挡层变得很薄，发生铝和铜的不同金属间电偶腐蚀的可能性很大。

电解着色阳极氧化膜的耐蚀性并不取决于用哪种金属盐着色，阳极氧化膜的阻挡层被破坏与否是问题的关键。

71 为什么用电解着色法能生成花纹图案？

如果银盐在氧化膜的孔隙中析出，氧化膜就具有了类似于相纸的功能。这个方法实用化后被用在了铭牌等领域里。

与用有机染料生成花纹图案一样，将阳极氧化膜一部分掩盖住后，用电解着色法对其进行电解着色就可生成花纹图案。这也是电解着色法独有的、特殊的花纹图案着色法，这个方法的原理见图71.1和图71.2。仅将阳极氧化后的阳极氧化膜的

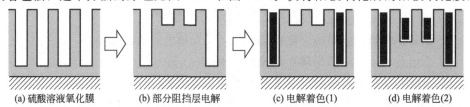

| (a)硫酸溶液氧化膜 | (b)部分阻挡层电解 | (c)电解着色(1) | (d)电解着色(2) |

图71.1　电解印刷法原理

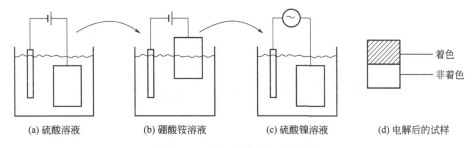

| | | | 着色 |
| | | | 非着色 |

(a) 硫酸溶液　　　　(b) 硼酸铵溶液　　　　(c) 硫酸镍溶液　　　　(d) 电解后的试样

图 71.2　电解印刷法的基础实验

下半部放在硼酸铵溶液中再次阳极氧化，则在其下半部分形成厚的阻挡层。再对其进行电解着色，只是上半部分着色了，氧化膜的下半部分因其具有厚的阻挡层，没有金属析出而不能着色。利用这一原理就可以进行花纹图案着色了，其花纹着色板见图 71.3。

图 71.3　着色模板及铭牌

第六章　电泳涂装

72　电泳涂装是什么样的涂装方法？ [1]

阳极氧化或者电解着色后的氧化膜，采用电泳涂装法作为铝建材的表面处理方法已相当普及。日本在几十年前已采用，在年产量 60 万吨的总量中，有 95％的铝建材采用电解着色后电泳涂装进行表面处理。特别是几年前，含有白色颜料的"白色电泳涂料"迅速普及。此外，比丙烯酸树脂涂料和电泳漆膜耐久性高 10 倍的氟树脂电泳涂装法已完成实用化试验。

阳极氧化膜上电泳涂装原理，如图 72.1 和图 72.2 所示。现在最普及的电泳涂料的主要成分是水溶性丙烯酸高分子化合物，为半透明的乳胶液。如图 72.2 所示，将浸泡在水溶性高分子涂料工作液 [2] 中的阳极氧化膜，在 150V 左右阳极电压作用下，氧化膜中的水电解成 H^+，与水溶性高分子的羧基（—COO^-）发生中和反应，其化学反应见式(72.1)。

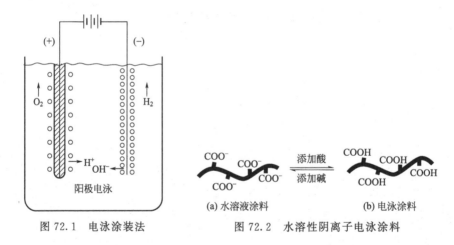

图 72.1　电泳涂装法　　　　　图 72.2　水溶性阴离子电泳涂料

---

❶ 译者注：氟碳电泳涂料现在并没有得到广泛使用，主要原因是原材料成本提高了 10 倍，但是耐候性只提高了 10％，因为现在丙烯酸电泳涂料通过改进配方，已经可以轻松通过 4000h 的氙灯实验检测了。

❷ 译者注：本处日文原意为电泳液，我国标准 YS/T 728—2016《铝合金建筑型材用丙烯酸电泳涂料》已明确将"电泳液"定义为"工作液"，该标准对工作液的定义为："按供方提供的方法和用满足 GB/T 6682—2008 规定的三级水溶解原液后得到的溶液。"因此，本章节统一将"电泳液"翻译为"工作液"。

$$R(COO^-)_n + nH^+ \longrightarrow R(COOH)_n \tag{72.1}$$

中和反应后的丙烯酸高分子的模型如图 72.2(b) 所示。中和后的丙烯酸高分子为疏水性的胶体，在阳极氧化膜上形成涂膜，该涂膜在 180℃ 左右的固化炉中加热 30min，阳极氧化膜上的电泳涂装就算完成了。必须要理解的是，电泳涂装是氧化膜在阳极电压作用下进行的，但电泳漆膜的形成不是阳极反应而是中和反应。

有关电泳涂装的各种反应将在后面的章节加以说明，在此仅对电泳涂装机理要点加以说明。阳极氧化膜在电泳工作液中定电流通电时的电压-时间曲线见图 72.3。电压垂直上升（直线①）是阳极氧化膜阻挡层电阻和电泳工作液电阻产生的电压上升。斜线②的上升电压是阳极氧化膜上形成绝缘涂装层的上升电压。斜线③的电压上升比斜线②减缓，这是因为水的阳极发生分解反应，但在水的阳极分解反应发生过程中，涂装层同时变厚，这就使得电压继续升高，所以水平线④为最高电压设定值。

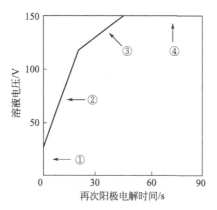

图 72.3　在电泳涂料溶液中定电流阳极电解氧化膜时的电压-时间曲线

阳极氧化膜孔中水的阳极分解反应（$2H_2O = O_2 + 4H^+ + 4e$）产生的 H^+ 与涂料发生中和反应，这就是电泳涂膜形成的机理。包括以下 3 个阶段：

① 阳极氧化膜孔中原阻挡层的形成反应。

② 阳极氧化膜孔中水的阳极分解反应。

③ 电泳涂料与 H^+ 的中和反应。

而电解着色阳极氧化膜在电泳涂装时，还有下面的相关反应：

④ 阳极氧化膜孔中沉积金属的阳极溶解反应。

电泳涂装时，氧化膜孔中沉积金属的阳极溶解，使得着色氧化膜颜色变浅。

上面的 4 个阶段将在以后的章节再加以解释。为了对以后这类相关内容的充分理解，请将这 4 个阶段映入脑海。

从 1920 年已经开始研究各种金属的电泳涂装。阳极氧化膜的电泳涂装在 1970 年前就已经实现了工业化生产。

73 在阳极发生了什么样的反应?

与整流器正极相连接的电极称为阳极，与负极相连接的电极称为阴极。关于阳极和阴极有各种不同的定义。可以简单地理解为：阳极把电子吸附上来，而阴极把电子释放出去（图 73.1）。

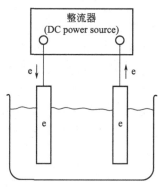

图 73.1　阳极和阴极

在阴极 H^+ 得电子后产生氢气（$2H^+ + 2e \longrightarrow H_2\uparrow$），金属离子得到电子析出金属（$M^{n+} + ne \longrightarrow M$）。讨论金属电镀时，以阴极为研究对象。但对于阴离子型电泳涂料的电泳涂装来说，阳极反应极其重要。已知的阳极反应有如下六种：

① 称作"水的电解反应""OH^- 的放电反应"以及"氧气电极反应"。

$$2H_2O \longrightarrow O_2 + 4H^+ + 4e$$

此外还有：

$$2OH^- \longrightarrow O_2 + 2H^+ + 2e$$

$$4OH^- \longrightarrow O_2 + 2H_2O + 4e$$

右边的电子被阳极捕获，换句话说，没有电子，阳极反应将无法进行。

② 金属的阳极溶解。

$$M \longrightarrow M^{n+} + ne\text{（酸性溶液）}$$

$$M + 4H_2O \longrightarrow MO_4^{2-} + 8H^+ + 6e\text{（碱性溶液）}$$

③ 金属的阳极氧化[●]。

$$2Al + 3OH^- \longrightarrow Al_2O_3 + 3H^+ + 6e$$

④ 有机反应。

$$2RCOO^- \longrightarrow 2RCOO + 2e$$

$$2RCOO^- \longrightarrow R \cdot R + 2CO_2 + 2e$$

⑤ 其他阴离子的阳极反应。

如 $2Cl^- \longrightarrow Cl_2 + 2e$，但 SO_4^{2-} 并不参与反应，从图 73.2 硫酸水溶液的电

　● 译者注：此处日文版原文为"（3）金属的阳极氧化。$2Al + 3OH^- \longrightarrow Al_2O_3 + 3H^+ + 3e$"。应该是 6e，左右电子数才会平衡，因此该处改为："$2Al + 3OH^- \longrightarrow Al_2O_3 + 3H^+ + 6e$"。

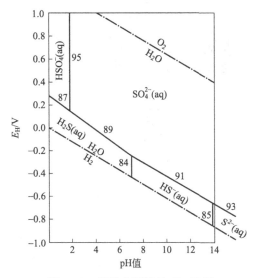

图 73.2　硫酸水溶液的 E-pH 图

位-pH 图可知，SO_4^{2-} 的阳极反应无法进行。

⑥ 自由基形成反应。

$$RCOO^- \longrightarrow RCOO + e$$

阴离子型涂料的电泳涂装或多或少与上述六个阳极反应相关联。但是，电泳涂装的主要反应并不是阳极反应，也不是涂料自身的阳极反应，而是涂料的有机反应。

阴离子型电泳涂料工作液的 pH 值为 9 左右。在 pH 值为 9 左右的水溶液中，铝或其阳极氧化膜发生阳极极化，同时形成阻挡层，甚至在氧化膜上形成复合阻挡层（封孔现象）。所以在探讨铝及其氧化膜上的电泳涂装时，首先要了解在不含染料的中性水溶液中的阳极氧化反应机理或封孔理论。

许多阳极氧化处理技术人员都知道，在中性水溶液中铝基板的阳极氧化形成壁垒型氧化膜。但还必须深入探讨包括离子迁移率在内的相关课题。

中性水溶液中，铝在 V_1 的阳极电压作用下，可形成壁垒型氧化膜，其模式图如图 73.3(a) 所示。将阳极电压从 V_1 升高到 V_2，此时阻挡层厚度变得更厚。阻挡层变厚的模式图如图 73.3(b)、(c)、(d) 所示。图 73.3(b) 二次阻挡层形成于铝基体和一次阻挡层之间，阻挡层膜层形成反应如图 73.3(b′) 所示，仅仅为 O^{2-} 迁移所致。O^{2-} 的迁移率为 1.0 时，Al^{3+} 的迁移率为 0。图 73.3(c) 的情况表明，二次阻挡层是在一次阻挡膜层和水溶液间的界面生成的；如图 73.3(c′) 所示，此时是由于 Al^{3+} 的迁移而产生二次阻挡层。这种情况下，Al^{3+} 的迁移率为 1.0 时，O^{2-} 的迁移率为 0。图 73.3(d) 所示的是，二次阻挡层在铝基体/一次阻挡层间和一次阻挡层/水溶液界面间生成。如图 73.3(d′) 所示，阻挡层是由 Al^{3+} 和 O^{2-} 二者迁移生成的。此时，外侧阻挡层和内侧阻挡层膜厚比为 Al^{3+} 和 O^{2-} 的迁移数之比。

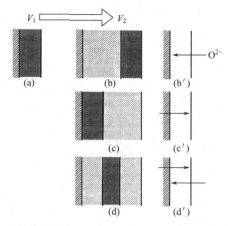

图 73.3 中性水溶液中铝 2 段电解 $(V_1 \rightarrow V_2)$ 后氧化膜模式图

图 73.3(b)、(c)、(d) 三种模式，究竟哪个正确？以往的文献大都支持（b）模式，且在相当长的时期内支持（b）模式，支持（c）模式的文章也有。但现在大多认为（d）模式为正确的，且已形成理论。

有若干种方法可对阻挡层形成时 Al^{3+} 和 O^{2-} 的迁移率进行研究。例如：有使用放射性原子进行研究，形成的阻挡层中就含有放射性物质；有用氧的同位素合成的水进行研究。利用这一现象就可求出迁移率。含有放射性物质的溶液中，在 V_1 电压下进行铝阳极氧化，再放入不含放射性物质的溶液中，用 V_2 电压再次进行阳极氧化。或者相反，先在不含放射性物质的溶液中进行阳极氧化后，在含放射性物质溶液中再次阳极氧化。对经过 2 个阶段阳极氧化后形成的阻挡层膜进行放射能分布状态研究，就可明确图 73.3(b)、(c)、(d) 中到底哪个模式正确，并且也可确认 Al^{3+} 和 O^{2-} 的迁移率。Al^{3+} 和 O^{2-} 的迁移率在不同的论文中有不同的值，但 Al^{3+}、O^{2-} 的迁移率在 0.5 左右似乎是正确的，这反映两次氧化所形成的膜厚基本相同。

74 铝阳极氧化膜在硼酸铵溶液中再次阳极氧化会发生什么样的变化？

铝阳极氧化膜在中性水溶液中再次阳极氧化阻挡层会增厚。此时阻挡层所增厚度如图 74.1 所示。二次阻挡层不仅仅在铝基体与氧化膜之间形成，而且在阳极氧化膜孔底与水溶液的界面之间生成。此时，氧化膜孔的一部分被二次阻挡层所填充。"填充"的英文单词是"filling"，可译为封孔。图 74.1(b) 的现象称为封孔。对于封孔现象，可用严密的数学来解释，即所谓的阳极氧化膜的"封孔理论"。

封孔理论是由 Dekker 和 van Geel 提出的。在中性水溶液中 $1\mu m$ 左右的薄阳极氧化膜用额定电流电解法二次阳极氧化，测量其电压-时间曲线如图 74.2 所示。最初的上升电压（A 点）为阳极氧化膜的电阻和电解液电阻所致。A、B 之间为向上升的电压，是氧化孔封孔过程所引起 [图 74.3(b)]。二次阻挡层在铝基体/一次阻

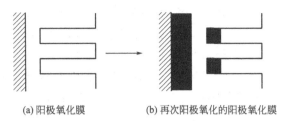

(a) 阳极氧化膜　　　　　　　(b) 再次阳极氧化的阳极氧化膜

图 74.1　铝的二次阳极氧化

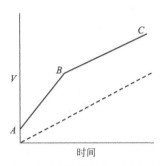

图 74.2　铝二次阳极氧化电压-时间曲线

挡层间，以及一次氧化膜孔底/溶液界面间形成时，由 O^{2-} 迁移所形成的二次阻挡层面积和由 Al^{3+} 迁移所形成的二次阻挡层面积是不相同的，这一点相当重要。如图 74.3 所示，随着二次阳极氧化电压的升高，阻挡层厚度不断增厚，阳极氧化膜的多孔层也不断被填充。在阳极氧化膜孔被填充满时，由 Al^{3+} 迁移形成的二次阻挡层全面生成。当只在阳极氧化膜孔底发生的电化学反应在阳极氧化全面发生时，其实质是有效面积增加。在电解电流值一定的条件下，有效面积增大，相当于电流密度减小，电压上升率也减小（V-t 曲线斜率减小）。反映在电压-时间曲线上，形成一个折线。图 74.2 的 B 点为阳极氧化膜孔被二次阻挡层填满时的点 ［图 74.3(c)］。

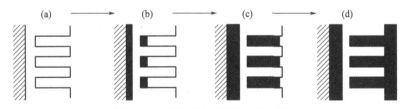

图 74.3　铝阳极氧化膜的封孔现象

　　铝基体在中性水溶液中以定电流电解的电压-时间曲线如图 74.2 的虚线所示，此时由 O^{2-} 引起的反应面积和由 Al^{3+} 引起的反应面积相同，与图 74.3(d) 的状况相同。所以，图 74.2 的 BC 线斜率与虚线的斜率相同。

　　图 74.4 所示为不同厚度氧化膜在中性溶液中，再次使用定电流电解（0.05A/dm^2 左右的电流密度）的方法阳极化，电压-时间曲线如图 74.5 所示。图 74.4 的

标号（a）、（b）、（c）和图 74.5 的标号（a）、（b）、（c）相对应。阳极氧化膜的多孔层厚度非常薄时［图 74.4(a)］，其被二次阻挡层充填的时间很快，电压-时间曲线转折点也就很快出现。阳极氧化膜的多孔层厚度厚时［图 74.4(c)，$4\sim5\mu m$ 以上时］，甚至在 $500\sim600V$ 电压下，$V\text{-}t$ 曲线都不出现转折点。也就是说在 $500\sim600V$ 电压下，这种阳极氧化膜孔也无法被二次阻挡层填充满。

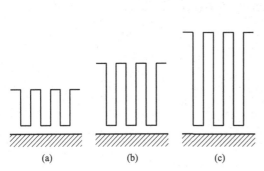

图 74.4　不同厚度的多孔质铝阳极氧化膜

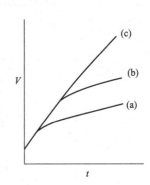

图 74.5　不同厚度的多孔质铝阳极
氧化膜二次电解的 $V\text{-}t$ 曲线

由图 74.5 的电压-时间曲线，可以得出薄阳极氧化膜多孔层的厚度。

图 74.6 的标记（a）、（b）、（c）和图 74.7 的标记（a）、（b）、（c）相对应。一定厚度、不同孔径的多孔质阳极氧化膜在中性水溶液中定电压电解时，再次阳极氧化的电压-时间曲线如图 74.7 所示。孔径大，因 Al^{3+} 迁移所引起的电化学反应的表面积大，所以电压上升斜率平缓。由此得出图 74.7 的电压-时间曲线，并且由于多孔层厚度相同，所以不管是哪种阳极氧化膜，其电压-时间曲线的转折点所对应的电压相同。

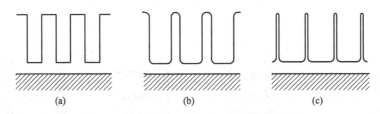

图 74.6　不同孔径的多孔质铝阳极氧化膜

从图 74.7 的实验可以判断阳极氧化膜的孔径或者孔隙率。图 74.8 为 Dekker 和 Middelhoek（Transport Numbers and the Structure of Porous Anodic Films on Alminium. J Electrochem Soc，1970，117：440）给出的数据。根据封孔理论可知阳极氧化膜成膜电压和孔隙率（α_a）的关系。电压高时，阳极氧化膜的孔隙率低。可以确定，无论是在硫酸溶液还是在草酸溶液中形成的氧化膜，若成膜电压相同，其孔隙率基本没有区别。

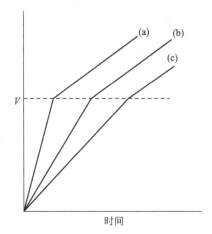
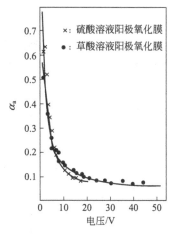

图 74.7　不同孔径的阳极氧化膜二次电解的 $V\text{-}t$ 曲线　图 74.8　多孔质铝阳极氧化膜的孔隙率

根据封孔理论，还可求出 Al^{3+} 和 O^{2-} 的传输率。根据永山先生的研究，用封孔理论求出的 Al^{3+} 和 O^{2-} 的传输率，分别是 $T_{Al^{3+}}=0.4$，$T_{O^{2-}}=0.6$。

对于封孔理论，必须注意一件重要的事，这就是："在阳极氧化膜孔底的阻挡层，因 Al^{3+} 和 O^{2-} 的离子传导仅发生阳极反应时，封孔理论不成立。"阳极氧化膜孔底的阻挡层因电子传导发生水的阳极分解反应时，封孔理论不成立。Baizuldin 在 1993 年 12 月的 "Metal Finshing" 杂志上发表的论文称："封孔理论仅在 $1\sim$ $2\mu m$ 的薄阳极氧化膜时成立。数微米以上厚度的阳极氧化膜，二次阳极电解时，在阳极氧化膜孔底的阻挡层上发生'流动'，此'流动'引起电子传导，发生水的阳极分解反应，此时封孔理论不成立。"

75　勃姆体型氧化膜在硼酸铵溶液中阳极氧化时会发生什么样的变化？

阳极氧化膜在电泳涂装前先经过热水洗和纯水洗，随后进行电泳涂装。这两阶段的水洗，笔者认为主要是为了除去氧化膜孔中的 SO_4^{2-}，而大多数技术人员认为热水洗是进行阳极氧化膜的封孔处理。

对封孔处理后的阳极氧化膜再次进行阳极极化时，笔者认为符合复合氧化膜理论，复合氧化膜理论是 Alwitt（欧伟特）在研究弱电部件铝电容器的过程中提出的理论。

铝在沸腾的纯水中的反应如式（75.1）所示，铝表面形成铝的水合氧化膜，此膜称为勃姆体氧化膜，经常作为涂装基底。

$$Al+H_2O \longrightarrow Al_2O_3 \cdot H_2O（勃姆体）\qquad (75.1)$$

将此勃姆体氧化膜在中性水溶液中阳极氧化，如图 75.1 所示，在铝上生成三层结构的膜。首先，在铝基体上阳极氧化生成阻挡层，在阻挡层膜上是由勃姆体氧化膜向阻挡层氧化膜变化的过渡膜层，而最外层的是勃姆体氧化膜。有关复合氧化

煮沸 → 勃姆体氧化膜 → 阳极氧化 → 复合氧化膜

铝基板　　　　勃姆体氧化膜　　　　复合氧化膜

勃姆体氧化膜
形成勃姆体后的氧化膜
阻挡层氧化膜

图 75.1　复合氧化理论

膜的数据，引用欧伟特的文献如图 75.2 和图 75.3 所示。

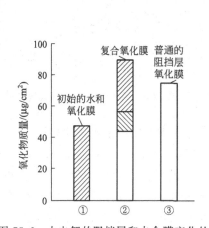

图 75.2　由电解的阻挡层和水合膜变化的
阻挡层的比率（1）

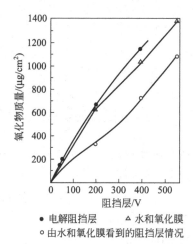

● 电解阻挡层　　△ 水和氧化膜
○ 由水和氧化膜看到的阻挡层情况

图 75.3　由电解的阻挡层和水合膜变化的
阻挡层的比率（2）

阳极氧化生成的阻挡层氧化膜与复合氧化膜的不同点如下：

① 相同的阳极氧化电压下，生成氧化物的量不同；

② 勃姆体的一部分成为氧化物；

③ 膜的电阻、电容不同；

④ 进入阻挡层膜的阴离子仅有 1/10 左右；

⑤ 绝缘击穿电压提高了 2 倍。

从复合氧化膜理论可以得出，对一次氧化膜施加阳极电压，可从复合氧化膜理论得到解答。但是封孔理论在此并不考虑膜本身的变化，仅考虑通过一次膜的 O^{2-} 和 Al^{3+} 与二次氧化膜生成速度的关系，封孔理论是基于几何学的理论，而复合氧化膜理论则是化学理论。

76　涂料析出的难易程度由什么决定?

施加阳极电压是为了使涂料析出，而不是为了涂料自身的阳极反应。为使电极表面的氢离子产生，须施加阳极电压。在铝基体上电泳涂装所需的电压为 50V 左右，而在氧化膜上电泳涂装则要 150～200V 的阳极电压。这是由于在铝基体上容易产生氢离子，而在氧化膜上难以产生氢离子，因此，所需的阳极电压更高。

基于此，为充分理解电泳涂装理论，首先必须充分理解水的电解反应，下面从产生氧气反应的热力学角度出发加以解说。

氧气生成反应如式(76.1) 所示，能斯特方程为式(76.2)：

$$4OH^- \rightleftharpoons 2H_2O + O_2 + 4e \tag{76.1}$$

$$E_{O_2,eq} = E_{O_2}^{\ominus} + \frac{RT}{4F} \ln(a_{H_2O}^2 p_{O_2}/a_{OH^-}^4) \tag{76.2}$$

式(76.2) 中的常数 $E_{O_2}^{\ominus}$ 在 25℃时为 0.3976V，氧气分压 p_{O_2} 以 1 计入，pH=14 时，$a_{OH^-}=1.0$，计算其数值为：

$$E_{O_2,eq} = 0.4 + \frac{RT}{4F} \ln(1/1) = 0.4V \tag{76.3}$$

pH=0 时，$a_{OH^-}=10^{-14}$，计算其数值为：

$$E_{O_2,eq} = 0.4 + 1/4 \times 0.059 \times \lg[1/(10^{-14})^4] = 1.226V \tag{76.4}$$

电泳涂装工作液的 pH 值大都在 9.0 左右，pH=9.0 时同样可计算出：

$$E_{O_2,eq} = 0.4 + 1/4 \times 0.059 \times \lg[1/(10^{-5})^4] = 0.7V \tag{76.5}$$

将计算结果绘制成的 E-pH 图如图 76.1 所示，由此可知，析氧反应的电压与 pH 值有关。由图 76.1 可以看出，在酸性水溶液中析出氧比在碱性水溶液中析出氧所需的电压高。

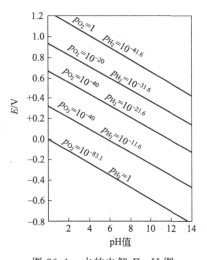

图 76.1 水的电解 E-pH 图

在 pH=9.0 的电泳涂料工作液中，0.7V 以上的阳极电压就可产生 O_2 和 H^+，涂料也可析出，但这仅是理论计算的结果，热力学计算得出 0.7V 时就可产生 H^+。

一般情况下，铝或阳极氧化膜在中性水溶液中阳极电解也不产生 O_2，由于铝与氧之间结合力非常强，所以铝与氧会形成氧化物。若铝或其氧化膜上不发生析 O_2 反应，就无法进行电泳涂装。这是由于电泳涂装过程中，在产生氧气的同时，所产生的 H^+ 使涂料析出。如图 76.2 所示，在某种条件下阳极氧化膜发生析氧反

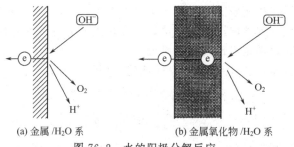

(a) 金属/H₂O 系　　　　(b) 金属氧化物/H₂O 系

图 76.2　水的阳极分解反应

应，此时与金属极板上的反应有着明显不同。

在金属/水溶液界面上，电子穿越电极界面的位能使反应得以发生。但在阳极氧化膜上，电子穿越必须同时克服氧化物/水溶液界面的位能和氧化物本身的位能。此外，还必须明确氧化膜中离子传导和电子传导的差异。离子传导的难易与离子半径等因素有关，而电子传导的难易程度取决于氧化膜能量带的构成。铝阳极氧化膜是离子传导性薄膜，允许离子传导，但对电子传导的绝缘性极高。因此，在低阳极电压下，就可以因离子传导而产生形成阳极氧化膜的反应，但因氧化膜中的电子传导困难，发生析氧反应所需的阳极电压很高。基于此，在阳极氧化膜上进行电泳涂装所需的电压要 150～200V。

77　电解质阴离子对阳极氧化膜的二次阳极电解有什么影响？

图 77.1 所示的是将在硫酸溶液中生成的 $10\mu m$ 的多孔型氧化膜，分别放入硼酸盐、柠檬酸盐及酒石酸盐溶液中，以恒定电流再次进行阳极极化时的电位-时间曲线图。最初垂直上升电位是由硫酸阳极氧化膜（多孔型氧化膜）定电流电解所产生的二次阻挡层电阻引起的电位上升。之后的斜线为在硫酸阳极氧化膜上形成更厚的阻挡层所引起的电压上升。此时更厚的阻挡层如图 77.2 所示，在 Al/氧化物界

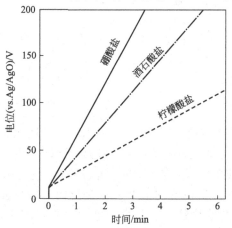

图 77.1　在硼酸盐、酒石酸盐及柠檬酸盐溶液中二次阳极氧化的 V-t 曲线

面及氧化物/溶液界面两侧形成。在更厚的阻挡层形成过程中，硫酸阳极氧化膜多孔层的一部分被充填，Dekker（迪科尔）等人称之为"封孔"。根据迪科尔的"封孔"实验结果，能够测量 Al^{3+} 和 O^{2-} 的迁移数或者计算出多孔型氧化膜的孔隙率。如图 77.1 所示，在不同溶液中进行二次阳极极化时，其电位上升的斜度是不同的，意味着二次阻挡层的形成（图 77.1 的斜线部分）受电解质中阴离子的影响。考虑到阻挡层中也含有电解质的阴离子，实验结果也证明二次阻挡层的形成受电解质中阴离子的影响，两者是相符的。

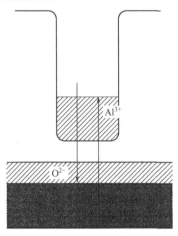

图 77.2　封孔模式图

图 77.3 和图 77.4 为铝阳极氧化膜在硼酸溶液中再次阳极极化时，添加剂对其的影响。添加 0.5g/L 以上的硫酸钠后，发生了水的阳极分解反应。

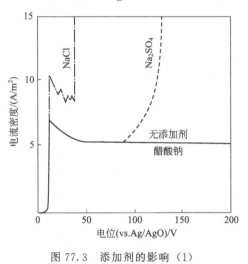

图 77.3　添加剂的影响（1）

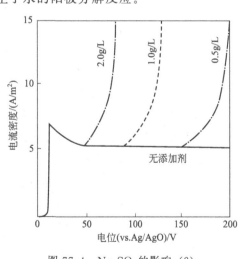

图 77.4　Na_2SO_4 的影响（2）

78　阳极氧化膜在油酸钠溶液中二次阳极化会怎样？

图 78.1 所示为硫酸阳极氧化膜在 1.0g/L 油酸钠溶液中二次阳极极化时的电

位-电流（E-i）曲线。开始阶段电流陡直上升，与在壁垒型阳极氧化膜形成的溶液中再次进行阳极极化时相同，此后的电流增加缓慢。这是因为一次膜的阻挡层上被油酸离子强力吸附着，阻挡层再形成速度受到了影响，所以电流上升斜线变缓。但是，硫酸阳极氧化膜经过数分钟到 10min 的沸水封孔处理后，再在硼酸盐溶液中二次阳极极化处理时，如图 78.1 所示，亨特（Hunter）电位后的电流增加斜度变缓。此时，经过封孔处理（热水处理）的硫酸阳极氧化膜的阻挡层上形成水合物，影响阻挡层的再形成速度。二次阳极极化电压变大时，Al^{3+}、OH^- 的迁移及扩散速度提高，油酸离子吸附的影响消失。图 78.1 的稳流段是生成阻挡层时形成的电流，该稳流值与生成壁垒型阳极氧化膜时的稳流值几乎相同。不论是哪种二次阳极化溶液，阻挡层的再形成都是由 Al^{3+} 和 O^{2-} 的离子传导所决定的，所以其曲线也应相同。

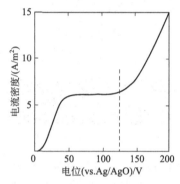

图 78.1　在油酸钠溶液中的 E-i 曲线

从图 78.1 可以看出，阳极电压达到 130V 时电流再次增加。此时，在试样表面用肉眼可观察到有气泡产生。该电流为发生反应式(76.1)反应产生的电流。此外，在 130V 以上的电压极化后的试样表面，用肉眼还可观察到脂肪类物质析出，而且试样表面为疏水性，这是油酸析出之故。

在油酸钠溶液中氧化膜再次阳极极化时，发生 O_2 生成反应的原因是油酸钠中含有杂质，引起在硫酸阳极氧化膜的阻挡层产生电子传导。

图 78.2 所示为在油酸钠溶液中再次阳极化后，对阳极化后的阳极氧化膜阻挡层厚度的测量结果。本实验首先将在油酸钠溶液中再次阳极氧化后的试样放在丙酮中浸泡 5min，除去析出的油酸后，在硼酸盐溶液中测量亨特（Hunter）电位。此外，通过空白试验，即将硫酸阳极氧化膜放入丙酮中浸泡后，在硼酸溶液中测量亨特电位证明，丙酮浸泡对亨特电位没有影响。在油酸钠溶液中施加的阳极电位在 150V 以下时，所施加的电压与亨特电位基本上相同，这说明保持施加电压几乎相同时，在油酸钠溶液中有阻挡层形成。但是，外加电压在 200V 时，亨特电位约为 150V，差值 50V 为析出的油酸膜层引起的。对照图 78.1 和图 78.2 的数据，二次阳极电压在 150V 以上时的模型，如图 78.3 所示。施加电压在 150V 以上时，由油

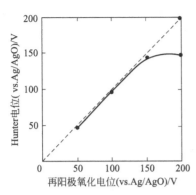

图 78.2　Hunter 电位的测定（1）

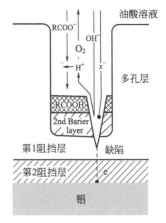

图 78.3　油酸析出机理

酸钠溶液中的不纯物所产生的瑕疵上发生水的分解反应，生成的 H^+ 使得油酸在硫酸阳极氧化膜的阻挡层上析出。此外，由于油酸的析出，Al^{3+} 和 OH^- 在阻挡层中的离子传导无法进行，因此，阻挡层停止增厚。

图 78.4 为多孔层厚度（$10\mu m$）一定，而阻挡层厚度不同的硫酸阳极氧化膜在油酸钠溶液中再阳极化时的电位-电流曲线。根据 Murphy 提出的电流恢复效应法，可以改变阻挡层厚度。阻挡层薄时，即便初始电流升高，其 O_2 生成电位也向低电位（阴极方向）侧移动。由于初始电流上升时的电位与亨特（Hunter）电位相当，所以硫酸阳极氧化膜的阻挡层薄时，理所当然其电位值偏小。至于 O_2 的产生可用图 78.5 的模式图加以说明。

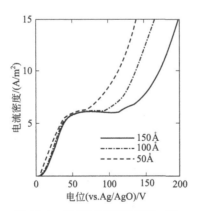

图 78.4　阻挡层厚度的影响（1）

图 78.5(a) 为阻挡层较厚时，难以发生 O_2 反应的状态；图 78.5(b) 为阻挡层薄时，易于发生 O_2 反应的状态。就 O_2 生成反应，将图 78.4 和图 78.5 进行对比，研究阻挡层厚度为 50Å 和 150Å 时硫酸液阳极氧化膜生成 O_2 的反应。例如，外加 70V 电压时，这类氧化膜在油酸钠溶液中各自生成的阻挡层如图 78.5 中划斜线部

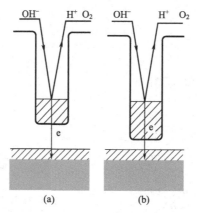

图 78.5　对阻挡层厚度的考察

分所示。此外，从图 78.4 可以看出，电压为 70V 时，硫酸阳极氧化膜的阻挡层厚度不管是 50Å 还是 150Å 时，其电流值都是相同的。这说明图 78.5（a）和（b）中，Al^{3+} 和 O^{2-} 在阻挡层中的离子传导的电阻相同。但是对于电子传导，图 78.5（a）和（b）显著不同。硫酸阳极氧化膜的阻挡层厚度为 50Å，施加电压为 70V 左右时有 O_2 产生，但是硫酸阳极氧化膜阻挡层厚度为 150Å 时，施加 130V 以下的电压就不会发生水的阳极分解反应。据此可以认为，在油酸钠溶液中形成的阻挡层（图 78.5 的划斜线部分）易于电子传导。按维密叶（Vermilyea）的提法为，在"瑕疵（flaws）"多的阻挡层或者能量带中，杂质含量多的阳极氧化膜易于发生电子传导。由此推断，如图 78.5（a）和（b）所示，硫酸阳极氧化膜的阻挡层薄时易于引起电子传导。但是，硫酸阳极氧化膜在硼酸盐溶液中进行再次阳极极化时，即使硫酸阳极氧化膜的阻挡层厚度再薄，也不发生产生 O_2 的反应（图 78.5），这是因为在硼酸溶液中再次形成的阻挡层为电子传导难以发生的阻挡层。

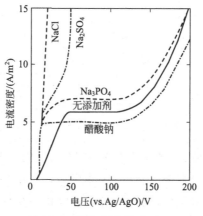

图 78.6　添加剂的影响（2）

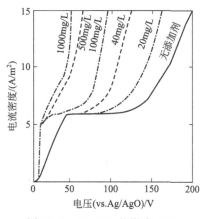

图 78.7　Na$_2$SO$_4$ 的影响 （2）

图 78.6 所示为硫酸阳极氧化膜在油酸钠溶液中再次阳极化特性受各种添加剂的影响。添加剂的浓度均为 1.0g/L。添加氯化钠及硫酸钠时，即使电压很低其电流也很快上升。因为这类添加剂使得硫酸阳极氧化膜的阻挡层立即遭到破坏。添加磷酸三钠或醋酸钠时，最初的电流上升坡度比未添加时要陡很多，与在壁垒型阳极氧化膜形成的溶液中电流上升坡度相同。这是由于磷酸根离子或者醋酸根离子阻碍了油酸根离子在硫酸阳极氧化膜的阻挡层上的吸附。因此，即使添加磷酸钠或者醋酸钠，生成 O$_2$ 的反应电位也不变。因为磷酸根离子或者醋酸根离子不会引起阻挡层的破坏。这一点，与在硼酸溶液中添加时得出的结果一致。图 78.7 所示为油酸钠中硫酸钠添加量的影响。添加几百毫克每升的硫酸钠就会影响氧化膜上水的阳极分解反应。但向硼酸盐溶液中添加 0.5g/L 以下的硫酸钠，不发生水的分解反应。在硼酸盐溶液中其修复阻挡层的能力很强，添加 0.5g/L 以下的硫酸钠不足以破坏阻挡层。而在油酸钠溶液中阻挡层修复能力较弱，添加数十毫克每升的硫酸钠，水的分解反应就变得容易发生了。这与图 78.1 所述一致。从硫酸钠添加剂的影响可以推论，油酸钠试剂中含毫克每升级不纯物对阳极极化曲线的影响显著。与图 78.6 的试验结果联系起来还可以说明，硫酸阳极氧化膜的水洗过程也必须十分注意，水洗不充分，硫酸阳极氧化膜孔中残存的硫酸根离子会对二次阳极极化实验产生偏差。

79　在电泳涂料工作液中对多孔氧化膜二次阳极化会怎样？

图 79.1 为硫酸阳极氧化膜在电泳涂料工作液中再次阳极化时的电位-电流曲线，也就是氧化膜进行电泳涂装时，用电位扫描法得到的电位和电流的关系曲线。此极化曲线用前面章节的实验结果以及在铁板上的电泳涂装理论进行分析。在铁板上的电泳涂装，前田、田中、新藤、大薮等人用电位扫描法进行过研究。

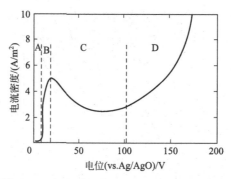

图 79.1 电泳涂料中再次阳极化的极化曲线

图 79.1 的极化曲线，分 A、B、C、D 四个区域。A 区域电流几乎无法通过，这是由于硫酸阳极氧化膜阻挡层电阻导致电流几乎无法通过。B 区域为电流上升的第一阶段，为在涂料工作液中形成阻挡层的初始电流，此电流在 C 区域直线下降。在壁垒型阳极氧化膜生成溶液和油酸钠溶液中，C 区域为恒电流（图 77.3 及图 78.1）。但在涂料工作液中，C 区域的电流减小。C 区域电流减小是因为阳极溶解的铝离子沉积在阳极氧化膜上析出。D 区域为第二阶段的电流上升，此时，由于试样表面产生气体和涂料的析出，肉眼可见试样表面变成了不透明的白色。据此，第二阶段的电流上升是水的阳极电解反应的结果。发生水的阳极电解反应的原因是此电泳涂料工作液中含有未知的添加剂或者不纯化学物质。

图 79.2 所示的是电泳涂装后的试样经丙酮浸泡，溶解除去电泳涂膜后，Hunter 电位的测量结果。图 79.2 所示的实线为实测曲线，虚线为二次阳极化电位，即与全部阻挡层形成相当的电泳涂装电位。电泳涂装电压为 50V 时，Hunter 电位为 40V。此时有 10V 的电压差，这 10V 的电位差是因 Al^{3+} 而析出的电沉积涂膜的电阻。电泳涂装电压为 100V 以上时，电泳涂装电压和 Hunter 电位差是 40V，此差值不取决于电泳涂装电压。此电位差为水的阳极电解反应生成的电泳涂膜的电阻。根据铁板上的电泳涂装理论，固化处理前的电泳涂膜具有离子传导性，在阳极

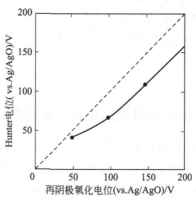

图 79.2 Hunter 电位的测定（2）

产生的 O_2 也可通过电泳涂膜。

根据图 79.2 的实验结果可知，电泳涂料析出后，氧化膜的阻挡层还继续生成。这一点和油酸钠溶液中的再阳极极化情况不同。在油酸钠溶液中，油酸析出后，阻挡层停止生成（图 78.2）。此不同点可用图 79.3 的模式加以说明。电泳涂装工作液中的丙烯酸树脂粒径在 300Å 左右。一方面，由于硫酸阳极氧化膜的孔径在 150Å 左右，电泳涂装时丙烯酸树脂无法进入氧化膜孔中，仅仅从多孔层的表面析出并嵌入孔中。另一方面，电泳涂膜具有离子传导性，因此电泳涂料析出后，阻挡层还在继续生成。

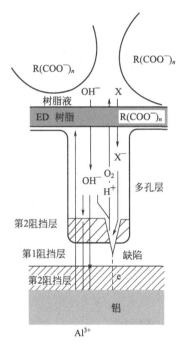

图 79.3　涂料沉积机理

图 79.4 所示的是在硫酸阳极氧化膜的多孔层厚度（$10\mu\text{m}$）一定时，用电流恢复法改变阻挡层厚度的试样在电泳涂料工作液中再次阳极化时的结果。阻挡层

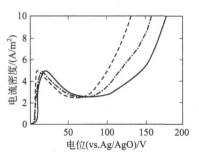

图 79.4　阻挡层厚度的影响（2）

薄时，第一阶段电流上升和第二阶段电流上升时的电位均较低。这与在油酸钠溶液中（图78.4）的趋势相同，根据这个实验结果，对图78.4可以做出同样的解释。

图79.5为在电泳涂料工作液中添加1.0g/L的各种添加剂后，阳极氧化膜再次阳极化，即电泳涂装后的电位-电流曲线，与在油酸钠溶液中的趋势相同（图78.6）。

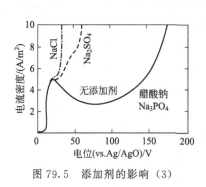

图79.5　添加剂的影响（3）　　图79.6　Na_2SO_4的影响（3）

图79.6为硫酸钠浓度对阳极氧化膜在电泳涂料工作液中的再阳极化的影响。几十毫克每升的硫酸根离子存在就将影响水的分解反应。这与在油酸钠溶液中（图79.7）的趋势是相同的。

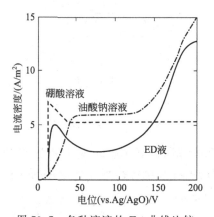

图79.7　各种溶液的 E-i 曲线比较

在表面处理工厂，工业化电泳涂装时，硫酸阳极氧化膜用自来水水洗后，还需进行纯水洗，这就是考虑到图79.6的实验结果的缘故。

此外，在油酸钠溶液中，水的阳极分解反应电压为150V，而在电泳涂料工作液中则为120V，这不是因为油酸根离子（$RCOO^-$）和丙烯酸树脂 [$R(COO^-)_n$] 的不同，而是在各自不同的溶液中所含的杂质种类以及槽液浓度不同造成的。

不同品牌的涂料，即使水溶性丙烯酸树脂相当，其电泳电压也不同，主要还是涂料中所含的添加剂及杂质不同之故。

　　另外，从伊藤等人的研究报告及申请的专利来看，在铝上进行电泳涂装时，在电泳涂料工作液中加入极少量的氯离子后，电泳涂装的电压可以降低，且涂料的析出量增加了❶。

　　至此，已讲述了三种溶液中硫酸阳极氧化膜的再阳极化的行为特性，将这三种情况绘在一张图上，见图79.7。对于这些曲线，必须注意阻挡层中的电流有离子电流和电子电流。在壁垒型阳极氧化膜生成液中（硼酸盐溶液、柠檬酸盐溶液及酒石酸盐溶液）再阳极化硫酸阳极氧化膜时，仅有离子电流通过阻挡层，且仅再生成阻挡层。在油酸钠溶液中，阳极电压在150V以下时，仅有离子电流通过阻挡层，且仅再生成阻挡层。阳极电压在150V以上时，则有电子电流通过阻挡层，且析出油酸。在电泳涂料工作液中，阳极电压在120V以下时，仅有离子电流通过阻挡层，再形成阻挡层并有涂料析出。阳极电压在120V以上时，则有离子电流和电子电流通过阻挡层，有再形成阻挡层和涂层沉积的反应发生。在油酸钠溶液和电泳涂料工作液中，电子电流是由于阻挡层的破坏而引起的，这类溶液中存在的杂质对电子电流产生有很大的影响。通过这些分析发现，在铝阳极氧化膜上，阴离子型电泳涂料的析出受阳极氧化膜的阻挡层性质以及电泳涂料工作液中的添加剂或存在的杂质的影响很大。

80　电泳涂料的析出量受哪些因素影响？

　　电泳涂装主要应用在汽车工业上，因此，电泳涂装的基础性研究基本上都是对钢板进行的。以铝为对象的电泳涂装研究论文大都是对在钢板上的电泳涂装研究的补充。

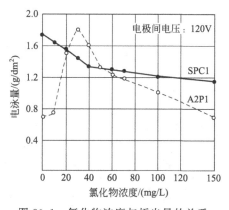

图80.1　氯化物浓度与析出量的关系

---

　　❶ 译者注：一般来讲，生产厂家这样做是冒着风险的，因为在阳极电泳涂料中加入氯离子，可能导致阳极氧化膜的脱落。

在铝上的电泳涂装在 Ellingen 的论文中或多或少地有些说明，论文提到了在铝上电泳涂装时阻挡层的形成。即，在铝上进行一次电泳涂装，用丙酮溶解涂膜后，即使再次进行电泳涂装，水洗时，涂料仍会从铝表面脱落。

伊藤等人的研究结果如下：

图 80.1 所示的是涂料工作液中氯离子浓度与析出量之间的关系。对铝（A2P1）进行电泳涂装时，添加 30mg/L 的氯离子其析出量最大。对钢板（SPC1）进行电泳涂装，Cl^- 没有增膜功效。

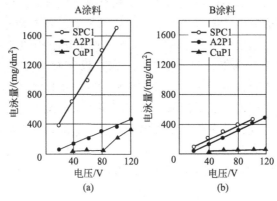

图 80.2　极间电压与泳透性的关系

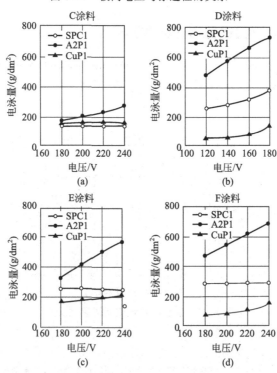

图 80.3　极间电压与析出量的关系（丙烯酸树脂涂料）

伊藤对铝、铁及铜上的电泳涂装进行了比较。以下用部分图来表示，图 80.2
和图 80.3 为极间电压与析出量之间的关系，两图上的标记：SPC1 为钢板，A2P1
为铝板，CuP1 为铜板；由图可知，涂料种类不同，涂料的析出量也不同。图 80.4
和图 80.5 为液温与析出量间的关系；由图可知，涂料不同，析出的温度系数也不
相同。图 80.6 为各种材质电解 3min 后的电流波形。铁板上不形成绝缘膜，铝则
形成相当的氧化膜，铜介于铁和铝之间。

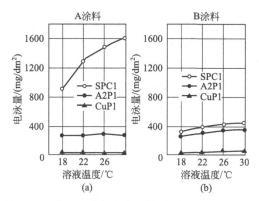

图 80.4　溶液温度与析出量的关系（Alkid 涂料）

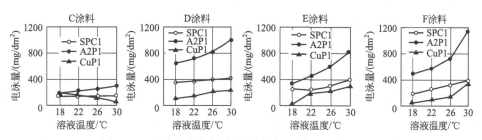

图 80.5　溶液温度与析出量的关系（丙烯酸树脂涂料）

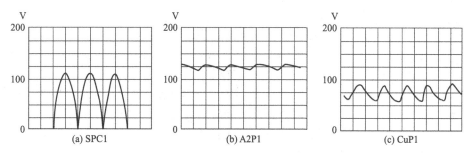

图 80.6　各种材质电解 3min 后的电流波形（A 涂料）

81　对电解着色阳极氧化膜进行电泳涂装时为什么电解着色膜会褪色？

金属片在阴离子型电泳涂料工作液中进行电泳涂装时，金属片的一部分作为金

属离子溶解在电泳涂料工作液中，如式（81.1）所示：

$$M \Longrightarrow M^{n+} + ne \qquad (81.1)$$

这类的金属溶解称为金属的阳极溶解。金属阳极溶解在多少伏电压下会发生？这与产生氧气的反应一样，可以用热力学理论加以解释。此外，这个理论与我们知道的金属离子化倾向或电化学反应相近。

但是，在阳极氧化膜孔中的金属析出-溶解是极为复杂的反应，不能仅用金属的离子化倾向来说明。如图 81.1 所示，图 81.1(a) 表示阳极氧化膜孔中的金属析出，电子从阻挡层的左侧向右侧传导，此时作为副反应：阻挡层上产生缺陷，铝形成氢氧化铝胶质层［图 81.1(a) 的白圈］。另外，阳极氧化膜孔中析出的金属的阳极溶解，如图 81.1(b) 所示，电子从阻挡层右侧向左侧传导。总之，金属阳极溶解的难易程度取决于电子由阻挡层的右侧向左侧传导的难易程度。

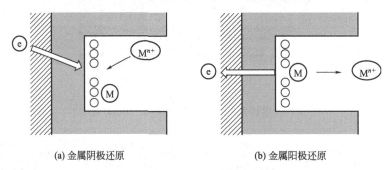

(a) 金属阴极还原　　　　　　　　　(b) 金属阳极还原

图 81.1　金属的沉积与溶解

图 81.2 为在镍盐溶液中，阳极氧化膜在各种条件下电解着色后，在二乙醇胺水溶液中阳极电解的伏安特性曲线。由于交流电解着色与直流电解着色的不同，以及电解着色电压的不同，阳极氧化膜孔中镍的阳极溶解情况也不同。即由于电解着色条件不同，电子从阻挡层右侧向左侧的传导程度也不同。着色阳极氧化膜孔中金属的阳极溶解程度越大，其脱色程度也就越大。

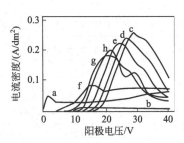

图 81.2　铝阳极氧化膜、电解着色氧化膜（在二乙醇胺水溶液中的阳极极化特性）

a—铝基板；b—硫酸溶液氧化膜（银色）；c—AC 15V 着色氧化膜；d—AC 13V 着色氧化膜；e—AC 10V 着色氧化膜；f—DC-15V 着色氧化膜；g—DC-13V 着色氧化膜；h—DC-10V 着色氧化膜

一般来说，锡盐电解着色膜比镍盐电解着色膜进行电泳涂装的脱色程度要大，这不仅仅是因为镍和锡的电极电位不同，而且锡盐电解着色时阻挡层的破坏程度大，锡的阳极溶解多。但是，如图 81.2 所示，镍盐电解着色时，不恰当的电解着色条件会导致电泳涂装时脱色程度加大。锡盐电解着色氧化膜，在适当的电解着色条件下，电泳涂装后，着色阳极氧化膜的脱色会减少，即抑制图 81.1(b) 的反应可防止脱色发生。

82 为何阳离子电泳涂装不适合于铝建材?

图 82.1 为阴离子电泳涂装与阳离子电泳涂装的区别。阴离子电泳涂装时，被涂物上施加的是阳极电压，使电极表面酸化，带负电荷的电泳涂料（阴离子涂料）与 H^+ 发生中和反应，从而形成涂膜。到第 81 问为止，所解说的均是阴离子电泳涂装。另外，阳离子电泳涂装时，被涂物上施加的是阴极电压，材料和电极表面碱化。带正电荷的电泳涂料（阳离子涂料）与 OH^- 发生中和反应，形成涂膜。阳离子电泳涂装适用于钢制或铝制的车身。

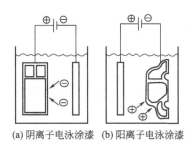

(a)阴离子电泳涂漆　(b)阳离子电泳涂漆

图 82.1　阴离子电泳涂装与阳离子电泳涂装的区别

阳离子电泳涂装的优点为：

① 骨架树脂通常是环氧树脂，这类树脂具有良好的附着力和良好的耐化学腐蚀性能，因此在腐蚀性环境下能延缓腐蚀；

② 交联剂通常为多聚异氰酸酯，固化后与骨架树脂形成牢固的"三元桥"结构，涂膜具有很强的附着力，水和离子渗透率低，耐久性好；

③ 通常使用铅系颜料作为防护剂，由于铅离子具有抑制阴极反应的能力，因此具有很好的耐蚀性；

④ 分散性比阴离子涂料优越。

那么，为何阳离子电泳涂装不适合铝建材呢？首要原因是涂膜的耐候性。建材要求 15～20 年的耐候性，丙烯树脂系的阴离子电泳涂层的耐候性优于阳离子电泳涂层。其次，铝建材上的阳极氧化膜会破损。在阳离子电泳涂层形成时，将阴极电压施加在经阳极氧化处理的铝建材上，有时会导致阳极氧化膜剥落，碱性的阴极还会使阳极氧化膜溶解。基于此，阳离子电泳涂装方法不适合用在铝建材上。

83 为何氟树脂系电泳涂膜的耐久性好？ ❶

锅等炊具上的氟树脂涂层非常牢固，这一点许多人都有体会。其原因正如化学教科书中所写的，碳氟化合物的稳固性高于碳氢化合物，因此，最近数家涂料公司开始开发氟树脂的电泳涂料，其涂料公司的推介杂志有如下记载：

由于氟树脂具有优异的耐蚀性、抗老化性、耐热性、疏水性，因此在建筑业和汽车行业的涂装以及家庭用品等产品上广泛使用，特别是建筑业，由于耐候性好，已被广泛应用于外装饰材，现在可以说氟树脂涂装是高性能、高级涂装的代名词。

基于市场潜力，作为铝建材用的电泳涂料，迫切需要氟树脂系涂料的开发。

氟树脂系电泳涂料的开发课题有：

① 氟树脂的水溶性；

② 用于分子搭桥的官能团的引入；

③ 可再涂装或者具有可修补性；

④ 多色化时的颜料分布的均匀性等。

作为氟树脂的电泳涂料，已开发了多种类型，这些课题选定的树脂有氟烯烃和乙烯基醚聚合体树脂，其水溶性、电泳性、密着性、对颜料的分散性由羧基实现，致密性、吸附性由羟基实现，物理性由烷基醚来实现。

氟系树脂系消光电泳漆两年以前已经开发成功，已有在生产线上使用的业绩。此氟系树脂系消光电泳漆含有氟树脂、丙烯酸树脂和三聚氰胺甲醛树脂三种树脂，它具有氟树脂的耐候性和耐蚀性、丙烯酸树脂的消光性和吸附性。

据推算，氟树脂系电泳涂膜的耐候性是丙烯酸树脂系电泳涂膜的 10 倍以上。但是，氟树脂的最大缺点是价格高昂。此外，电泳涂料用氟树脂中添加了多种官能基，氟的含量较少，再者是其他树脂的混合加入，因此比溶剂型氟树脂的耐候性稍差。

---

❶ 译者注：这里的耐久性，主要是指耐候性，氟-碳键的键能非常大，不容易被紫外线轰击而断链，所以耐候性良好；但是说到耐蚀性，恐怕不能跟环氧树脂相比。水性氟碳涂料，为了考虑附着性，往往加入环氧树脂，从而耐候性降低。铝阳极氧化后的氧化膜由于有良好的附着性，所以只加入丙烯酸即可，从而耐候性虽然比溶剂型氟碳树脂略差，但是比水性氟碳喷涂的耐候性要好。

第七章　其他涂装和封孔处理

84　粉末涂料的优、缺点是什么?

让塑料颗粒带上静电并吹向铝样品,就会形成一层塑料颗粒。该过程说明见图84.1,这就叫作粉末涂装法。

粉末涂装的优点是:

① 因其不使用水或者有机溶剂,所以污染小;

② 仅仅改变一个粉末供应系统就可以得到多种颜色粉末涂装。

鉴于以上优点,欧洲已经有很多铝建材表面处理由阳极氧化法逐渐转向粉末涂装法。转换率见图84.2。

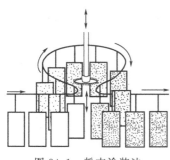

图 84.1　粉末涂装法

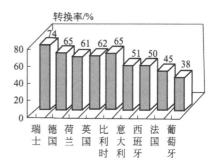

图 84.2　1991 年欧洲由阳极氧化转向
粉末涂装的转换率

粉末涂漆的缺点是:

① 涂膜表面多多少少有橘皮;

② 容易产生丝状腐蚀。

在美国或者日本粉末涂装没有得到普及,除了与蓝色、绿色、红色等颜色铝材需求不大有关外,还与上述缺点有关。图84.3所示为丝状腐蚀机理。

当含有氯离子的水透过涂层并到达铝基板时,在到达铝基板的地方形成局部电池,在产生的阳极部分和阴极部分之间形成局部电池。铝受到腐蚀时,在阳极产生 Al^{3+} ,Al^{3+} 在阴极的后部沉淀为 $Al(OH)_3$,随后,铝在阳极溶解,在阳极后部形成腐蚀产物 $Al(OH)_3$ 。反应反复进行的同时推进了丝状腐蚀的进程。

Ruggeri 和 Beck 广泛研究丝状腐蚀后，发表了如下观点^❶。

① 丝状腐蚀的细长线前进方向稳定后，从远距离来看是比较直的丝线；

② 丝状腐蚀的丝线一般不交叉；

③ 丝状腐蚀的程度或速度与涂膜的物理性质无关；

④ 丝状腐蚀的发展需要氧气；

⑤ 头部的前端部分含有低 pH 值溶液，且是最活跃的部分；

⑥ 大多数的离子游离在头部，只有 Al^{3+} 在尾部生成腐蚀生成物。

---

❶ 译者注：

译者对丝状腐蚀做以下补充：

① 丝状腐蚀从表面涂层的缺陷或破损处开始，腐蚀踪迹呈方向不定的线形移动发展。

② 腐蚀踪迹一般宽 0.1～0.5mm，以 0.15～0.4mm/d 的速度发展。

③ 腐蚀踪迹彼此不交叉，当两条踪迹的头部相遇时合二而一，当一个"头"遇上另一个"身体"时，这个头的发展受到抑制或以另一特殊角度偏斜。

④ 头的前沿含有低 pH 值的溶液，金属呈活性阳极溶解。

⑤ 丝状腐蚀的发生需要盐类和水，而且只在一个相对湿度范围（65％～95％RH）内存在，大于95％RH 时也不发生丝状腐蚀。

⑥ 丝状腐蚀发展需要氧气，在 N_2 和 He 气氛中不存在腐蚀。

⑦ 腐蚀踪迹的大小和速度与涂层的种类和物理性能关系不大。

国外对丝状腐蚀的研究有近几十年，对丝状腐蚀产生的原因和机理都有较深入的了解。研究认为，影响喷涂铝型材耐丝状腐蚀性的因素有：环境因素；基体；预处理过程；结构因素。

（1）环境因素。荷兰、比利时、德国、西班牙是欧洲报道丝状腐蚀最多的国家，研究人员就发现：RH＜65％不会发生丝状腐蚀，RH＞90％腐蚀踪迹变宽，而 RH＞95％只能观察到膜下起泡。腐蚀发生的相对湿度（RH）范围是 65％～95％。在上述 RH 范围内，腐蚀的发展随温度升高明显加快，在 40℃ 以上时腐蚀速度骤然增加。大气中的盐分（如 NaCl）是触发丝状腐蚀的重要因素，因此海洋大气频频发生丝状腐蚀。研究表明，腐蚀还与大气污染有关。荷兰、比利时等国家腐蚀发生率高是由于大气盐雾和工业酸雨的联合作用，在酸雨环境中，保护性膜被破坏而加速发生丝状腐蚀。一项实验室试验报道，粉末喷涂铝板在 RH 80％的 NaCl 或 NH_4Cl（5％）中 1000h 后未见腐蚀，而相同板材在 HCl 环境中只有 200h 就发生膜下丝状腐蚀。说明酸性环境下更容易发生丝状腐蚀。

（2）基体。铝合金成分也影响丝状腐蚀，在自然耐候试验中，高纯铝（99.98％）的腐蚀比铝镁合金（AlMg1，AlMg3）轻些。杂质铁和铜的影响，经过研究，杂质含量高，加深丝状腐蚀。为此，在最常用的挤压铝合金 6063 中应控制铁和铜的含量。在 3000 系铝合金研究中，发现铜有不利影响，而镁却有较好作用。基体表面形貌与丝状腐蚀之间关系已进行很多研究，一般认为腐蚀踪迹并不沿金属表面的冶金特征，如晶面、晶界等发展。实际上腐蚀踪迹有时会沿着金属加工过程产生的表面挤压条纹或缺陷发展，而多数情况下是难以预测其发展的。研究还证实，表面粗糙度会加速丝状腐蚀，而表面机械抛光似乎是防止丝状腐蚀的有效措施。

（3）预处理过程。丝状腐蚀是直接在预处理膜下的金属表面上发生的。预处理膜在腐蚀作用下溶解并留下腐蚀产物，形成丝状腐蚀踪迹而最终还会造成涂层脱落。因此，提高预处理膜的附着力和其本身的耐蚀性显然会使缺陷区发生丝状腐蚀更加困难，也就是说，可以从高质量的预处理体系得到解决。现在德国很多采用氧化后喷涂的方法避免丝状腐蚀的产生。

（4）结构因素。丝状腐蚀总是起源于表面涂层未保护处，例如锯切、钻孔、尖刃、擦伤和机械破坏引起的疵点。加工过程中锯、铣和钻等步骤都会促使丝状腐蚀发生，由机械损伤造成的涂层与基体间的缝隙会加重腐蚀，而这又往往是难以避免的，除非先制成门窗再进行涂装。一个补救的办法是安装时使用密封材料或在安装前涂装保护无涂层部分。

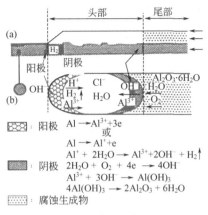

图 84.3　膜下丝状腐蚀机理

Dolphijn 也对涂装后的铝挤压型材上发生的丝状腐蚀进行了观察,得出以下论述。

① 丝状腐蚀先从没有涂层的部分或者涂层薄的地方开始,水在这些部位先凝结;

② 丝状腐蚀在涂装后一年以内发生;

③ 丝状腐蚀发生在沿海或高温环境中,如果在工业或酸性环境,丝状腐蚀变得更加剧烈;

④ 丝状腐蚀的发生与空气污染状况有关;

⑤ 即便涂层较厚也不能阻止丝状腐蚀发生;

⑥ 丝状腐蚀的行进方向无法预测,很少看到丝状腐蚀是沿着铝挤压模痕的方向行进的。

Miguel 和 Gomez 认为,要防止丝状腐蚀发生必须改善涂装前处理。前处理有铬酸盐法和阳极氧化膜法。但是,铬酸盐法因为会产生污染,所以必将会有其他前处理法取代铬酸盐法。阳极氧化膜法用于涂装前处理是很好的方法。实际上用阳极氧化膜法前处理的涂膜,在沿海地带使用了 7 年仍没有丝状腐蚀发生。

85　在涂装前为什么要进行涂装前处理?

滴到涂膜上水滴呈排斥状的球形水珠,因此,通常都以为水不可能渗透过涂膜。然而,实际上水能渗透过涂膜与金属铝反应,形成氢氧化铝,如图 85.1 所示[❶]。

氢氧化铝膜类似于粉尘形成的薄膜,因此,它很容易脱落。让膜下不形成氢氧化铝的方法有两种,两种措施都可防止涂膜下氢氧化铝的形成,即:

① 让水难以渗透过涂膜;

---

❶ 译者注:任何一种有机涂层,都应该是半渗透膜,如果固定种类的有机涂层想要从自身性能上防止水的渗透,唯一的办法是增加涂层的厚度。

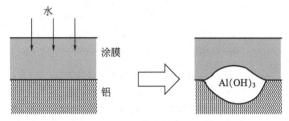

图 85.1　铝/涂膜界面形成的氢氧化铝

② 让渗透过涂膜的水不与铝发生反应。

对策①是改善涂料或者改善涂装方法，这是涂料厂家的技术人员应该解决的问题。

对策②是涂装前对铝表面进行处理，这一前处理也叫涂装前处理。众所周知，涂装前处理方法有铬酸盐法、磷化处理法、磷化膜法和阳极氧化膜法等。

铝在铬酸盐溶液中处理时，铝表面形成氧化铝和氧化铬的复合膜。该复合氧化膜在铝表面生成后，即便是水渗透过了涂层，铝表面也不能生成氢氧化铝。基于此，铝表面涂层的耐久性能提高。此外，铬酸盐处理法是目前最广泛应用的涂装前处理法。但是，必须要注意由铬离子所引起的污染问题。

作为替代铬离子涂装前处理的方法，有提议使用高锰酸钾溶液进行前处理。因高锰酸根离子是强氧化剂，可以在铝表面生成氧化铝和氧化锰复合氧化膜。但是，由于比铬酸盐法涂装前处理的效果差，目前还不能替代铬酸盐法。

用磷化处理法在铝上生成磷酸铝膜，所以渗透过涂层的水和铝进行反应后不会生成氢氧化铝。另外，磷化处理法废水处理时必须要去除磷酸根离子。还有对铝进行锌酸盐处理后再进行磷酸盐处理的涂装前处理方法，这时铝表面生成磷酸锌膜。

磷酸阳极氧化膜作为涂装基础处理法，很早就被广泛认知为是一种良好的方法。有观点认为"磷酸阳极氧化膜因其孔径大，涂料嵌入氧化膜孔中，基于其固着效果，涂膜的附着力提高了"，这是错误的说法。孔径大的阳极氧化膜可能是草酸阳极氧化膜，或者也可能是 Kalcolor 阳极氧化膜。但是，磷酸阳极氧化膜之所以最适合涂装前处理，是因为含有磷酸根离子的阳极氧化膜不会与水发生水合反应。这个已由"磷酸阳极氧化膜不能由水合反应进行封孔处理"的事实所证明。

86　为什么要对涂膜进行固化处理？

在加热炉中对涂膜进行固化处理是为了：

① 蒸发掉涂膜中的水分或者有机溶剂；

② 让构成涂膜的有机化合物进一步交联，变成坚硬的有机高分子膜；

③ 让粉末涂装时的粉末粒子进一步融合成坚硬的有机涂层。

加热方法除了常用的方法外，近年来远红外线加热法非常流行。电流通过特殊的陶瓷产生远红外线，为波长较长的热射线，所以在较低的加热温度下也能进行有效的加热。

只含有机物的透明涂膜和含有颜料的彩色涂膜比较，有人认为前者更坚硬。其理由就是透明涂料在加热后形成一种高度聚合的有机涂层，加入颜料会导致含有颜料的有机聚合物的网络破裂。

87　为什么化学蒸气熏制处理后的铝阳极氧化膜耐蚀性提高了？

如图 87.1 所示，用木炭熏烤鱼或者肉，其味道鲜美，而且保存时间更长，这就是熏制法。将阳极氧化膜进行熏制处理，将着色成黄色、褐色或者黑色，其耐蚀性也会提高。

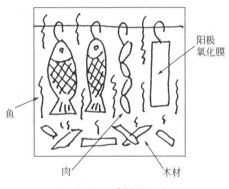

图 87.1　熏制处理法

其原因就是在阳极氧化膜孔中有木焦油沉淀了。即便是用石油代替木炭燃烧，阳极氧化膜也被着色且耐蚀性也提高了。用硅酸乙酯或者硅油的化学蒸气对阳极氧化膜进行处理后，变成了非着色、耐蚀性良好的氧化膜。这类化学蒸气熏制处理的炉内温度一般要保持在 250～300℃，但要防止发生爆炸事故。

88　阳极氧化膜为什么必须要进行封孔处理？

很早就知道，铝经过阳极氧化可生成氧化膜，但是这种氧化膜的耐蚀性不好，所以没有作为防腐蚀膜使用。多年前就已经发现对此氧化膜进行高温加压水蒸气处理，或者在沸水中煮过后，氧化膜具有优秀的防腐蚀性能。其后，铝阳极氧化膜开始作为铝的防腐蚀膜利用，俗称阳极氧化膜。

上述的水蒸气处理或者沸水处理也称为阳极氧化膜的"封孔处理"。

封孔处理的条件如表 88.1 所示。表 88.1 中除了使用纯沸水外，还有使用添加了化学药剂的高温水溶液。

过去认为阳极氧化膜进行封孔处理后变硬的原因是阳极氧化膜的细孔完全被封

上了。但是后来用电子显微镜研究结果表明，阳极氧化膜的封孔处理并没有完全将细孔封闭住，而是如图 88.1 所示，只是阳极氧化膜外侧的孔变窄了。也有观点认为仅仅是阳极氧化膜的孔的化学活性变弱了。

表 88.1　阳极氧化膜的封孔处理

条件	蒸汽法	纯水煮沸法	醋酸镍法	重铬酸盐法	硅酸钠法
处理溶液	加压蒸汽	纯水	醋酸镍 5~5.8g/L 醋酸钴 1g/L 硼酸 8~84g/L	重铬酸钾 15g/L 碳酸钠 4g/L	硅酸钠
pH 值	—	6~9	5~6	6.5~7.5	—
温度/℃	(2~5kgf/cm²)●	90~100	70~90	90~95	90~100
时间/min	15~30	15~30	15~20	2~10	20~30
特点	耐蚀性最好	适用于大型制品	有机染料的染色性优	适用于 2000 系铝合金黄色膜	耐碱性优

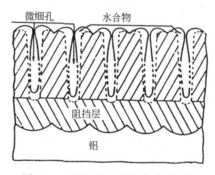

图 88.1　封孔处理后氧化膜截面图

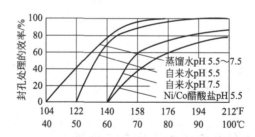

图 88.2　各种封孔处理 pH 值和温度与处理效果的关系

（封孔时间 30min，效果为浸泡在 3.5g/L 的染料中可见染色的深浅）

图 88.2 为纯水封孔处理时，封孔处理温度和阳极氧化膜的耐蚀性的关系。

有认为封孔处理的化学反应是一部分氧化膜所发生的水合反应。即便是将阳极氧化后的阳极氧化膜立即放入室温下的蒸馏水里，在阳极氧化膜孔壁也可生成水合物。对铝来说这种水合物没有防腐蚀效果。阳极氧化膜孔所形成的水合物，因封孔水的温度而不同。式（88.1）是溶液温度 80℃ 以下时形成了"拜耳体"的水合物。

● 译者注：1kgf/cm²＝98.0665kPa。

封孔溶液温度在 80℃ 以上时形成如式（88.2）所示的"勃姆石"水合物。勃姆石是比拜耳体更稳定的化合物❶。

$$2AlO(OH) + 2H_2O \longrightarrow Al_2O_3 \cdot 3H_2O \qquad <80℃，拜耳体 \qquad (88.1)$$

$$Al_2O_3 + H_2O \longrightarrow 2AlO(OH) \longrightarrow Al_2O_3 \cdot H_2O \qquad >80℃，勃姆石 \qquad (88.2)$$

即便用自来水煮沸阳极氧化膜，在大多数情况下也不能实现阳极氧化膜的封孔处理，自来水中的氯离子妨碍封孔效果。基于此，不能使用自来水，而应使用离子交换处理过的纯水或蒸馏水。封孔的有害离子除了氯离子外，还有硫酸根离子（SO_4^{2-}）、磷酸根离子（PO_4^{3-}）及氟离子（F^-）等。铜离子也是封孔的有害离子。相反，也有某种化学药品在封孔水中存在时，其封孔效果更好。这类化学药品被当作"封孔剂"的有效成分使用，能提高封孔效果的化学药品有醋酸镍、醋酸钴、硅酸钠、氨、重铬酸钾以及三乙醇胺等。适量添加这类化学药品可以提高封孔效果，但是如果过量添加则会适得其反，同时还要注意阳极氧化膜的溶解。

另外，作为封孔剂的成分，除提高封孔效果的化学药品外，还包含防止"起灰"的抑灰剂。阳极氧化膜进行封孔处理，有时表面会沉积水合铝反应产生的粉，这种堆积物叫作"起灰"。某种表面活性剂或者有机酸有防止起灰的效果。

89　常温封孔的优缺点是什么？

常温封孔虽然比高温封孔的历史短，但其具有独到的优点而得以迅速普及。其优点有：

① 溶液温度在 25～30℃ 时就可进行封孔处理，节约能源；

② 不会出现高温封孔的"起灰"现象；

③ 用常温封孔处理可提高阳极氧化膜的硬度。

其缺点有：

① 废水处理时必须对氟离子进行处理；

② 常温封孔处理的阳极氧化膜在高温天气或者运输搬运中易开裂；

③ 常温封孔处理后必须进行热水洗或者放置在空气中进行陈化处理。

高温封孔与常温封孔的封孔原理不同。高温封孔是阳极氧化膜的一部分形成拜耳体，导致化学活性变弱或者孔径变窄。而常温封孔是因氟化镍沉淀在阳极氧化膜孔中形成氟化铝，阳极氧化膜的耐蚀性提高了。氟离子特殊运动的原因是，氟元素是电负性很强的元素，氟离子不会形成水合离子，氟离子强力吸附在阳极氧化膜孔壁，使其表面带负电荷，因此镍离子与阳极氧化膜在孔内强力结合。

---

❶ 译者注：根据欧洲学者的研究，他们认为高温封孔的表面抗热裂性较好，形成的勃姆体三氧化二铝的表面上层还有一层假勃姆体。见 Sheasby 的书"The Surface Treatment and Finishing of Aluminum and its Alloys"。这层假勃姆体的溶解对铝表面的美观比较重要，因此欧洲检测封孔往往用硝酸预浸的方法，而这种方法对于常温封孔，其数据则极为敏感。

第八章 其他课题

90 为什么对硫酸阳极氧化膜施加低压交流电，不久就有交流电流通过?

正如第 16 问里提到的，Murphy 认为铝阳极氧化时，降低阳极电压瞬间阳极电流降为零的现象称为电流恢复现象（图 16.1）。笔者对阳极氧化膜施加低压交流电（AC 4V）是否会出现电流恢复现象进行了实验，其实验结果见图 90.1，施加低交流电压（AC 4V）后立即没有交流电流动，30s 后有小的正弦波交流电流动，2min 后有较大的交流偏转电流流过。其后交流电流恒定。与 Murphy 的电流恢复现象一样，同时也证明存在交流电流恢复现象。因交流电流恢复现象存在，阻挡层的厚度变薄。将此阳极氧化膜在锡盐溶液中进行交流电解着色，阳极氧化膜可着色成蓝色、绿色、红色等多种颜色。着色成多种颜色的原因是，因交流电流恢复现象存在，阳极氧化膜的阻挡层变薄了，锡盐在阳极氧化膜孔中均匀沉积。Benitez 公布了这种多色电解着色法的专利。用 DC 6V 替代 AC 4V，再给阳极氧化膜施加 DC 4V 时，即使过 30min 也没有阳极电流恢复现象出现。也就是说，用电流恢复法使阳极氧化膜的阻挡层变薄，与施加低阳极电压比，施加低交流电压更好。但是，与施加低阳极电压比，施加低交流电压时，其电流恢复时间变短的原因还没探明。

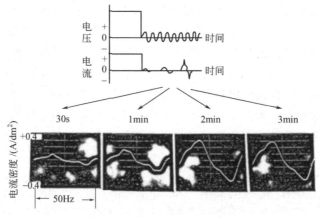

图 90.1 交流电流恢复现象

91 为什么在铝上难以进行电镀？

铝是与氧结合能力很强的金属，铝可以形成自然氧化膜。自然氧化膜会导致电镀层附着力欠佳。这就是铝先电镀锡或锌，再进行铜或镍电镀的原因。在计算机磁盘等磁记录介质的表面处理中，是先进行锌酸盐处理后再进行化学镀 Ni-P。存储设备表面薄膜针孔缺陷可能会导致数据记录过程中出现问题，因此，对铝结构材料进行表面处理，需要采取更细致的预防措施。比如在无尘室中进行表面处理，操作人员要像半导体工厂作业似的穿防尘工作服。与去离子水或者蒸馏水比，还是选用高纯水较好。阳极氧化膜电解着色或染色时，使用高纯水进行表面处理或者水洗，通常能形成更高性能的氧化膜，表面处理的不良率明显降低。这类方法是表面处理公司的机密和技术诀窍，一般不会对外公开。

笔者下面介绍 3 种电镀方法。

图 91.1 所示为非晶态电镀法。在镍盐溶液里以－3V 进行电镀，形成普通的结晶态镍镀层，以－6V 电镀通常能形成黑色粉状镀层。如果以－3V 和－6V 的脉冲电压交替进行电镀镍，金属板上形成镍的非晶态镀层。经 X 射线衍射分析证实，该非晶态镀层耐蚀性良好。

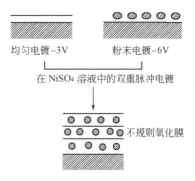

图 91.1　非晶态电镀法

图 91.2 所示为多层镀层法。把金属板放在硫酸铜、硫酸镍混合溶液里，在－V_1和－V_2电压下进行脉冲电解，则在－V_1电压下形成镀铜层，在－V_2电压下形

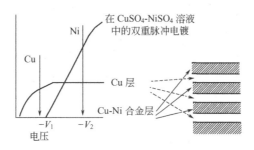

图 91.2　多层镀层法

成铜和镍的复合镀层。用$-V_1$和$-V_2$电压交替施加时，生成多层镀层膜。对此多层镀层膜进行加热，由于珀尔帖（Peltier）效应产生电压。如果可以制造多层膜的特殊合金，则可以开发出热电效应元件。

图 91.3 所示为局部电镀法。如果阳极以字母或图案的形式靠近阴极并进行脉冲电镀，则阴极上形成部分镀层。直流电镀时，图案显现的明亮度和清晰度下降。

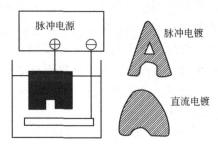

图 91.3　局部电镀法

92　用计算机模拟可进行哪些研究（其1）?

随着高性能计算机的发展，价格变得低廉，计算机模拟已经变得比以前容易，通过计算机用蒙特卡罗（Monte Carlo）模拟可以进行下列研究：

① 点腐蚀模拟图；

② 丝状腐蚀的模拟图；

③ 阳极氧化膜孔分布图。

蒙特卡罗模拟是用随机数模拟方法，随机取 3 个数分别对应为圆的 X 轴坐标值、Y 轴坐标值和圆的半径，如图 92.1 所示，计算机就用它生成的随机数在屏幕上画出随机圆。这个原理可以用来模拟阳极氧化膜上的点腐蚀，模拟结果见图92.2。图 92.2 为阳极氧化膜的腐蚀试验结果判断的等级评定图。用蒙特卡罗模拟，

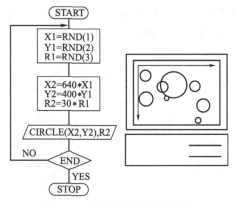

图 92.1　随机数描绘的随机图

跟踪丝状腐蚀的进展状况所对应的轨迹，可以在计算机上再现各种各样的丝状腐蚀。模拟结果见图92.3。

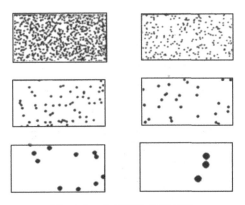

图92.2　分级图的作图结果

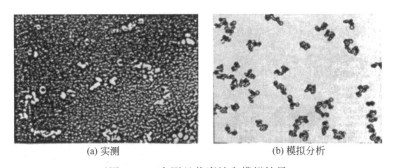

(a) 实测　　　　　　　　　　　(b) 模拟分析

图92.3　实测丝状腐蚀和模拟结果

阳极氧化膜孔每平方厘米有760亿个。用随机坐标圆来模拟这些孔隙，可以模拟阳极氧化膜中的孔隙分布。模拟结果见图92.4。

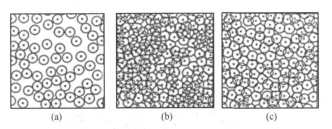

(a)　　　　　　　(b)　　　　　　　(c)

图92.4　阳极氧化膜孔的分布图

93　用计算机模拟可进行哪些研究（其2）？

计算机辅助设计（CAD）和计算机辅助工程（CAE）广泛应用于机械和土木工程领域。在金属表面处理上CAD或者CAE都被广泛使用，得到很多的知识。在金属表面处理工程学上，CAD和CAE也被广泛利用，并能获取更多有用的知识。

如图93.1所示，用 CAD 描绘的电位-pH-活度图，因其为可以放大回转的三维图，对表面处理研究有很大作用。

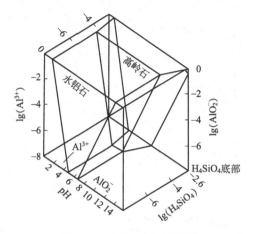

图 93.1　电位-pH-活度图

图 93.2 所示，用 CAD 对阳极氧化厂的电解槽配置，可以用二维图或者三维CAD 图进行研究。

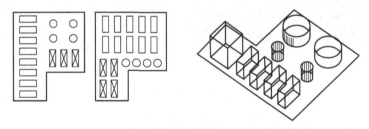

图 93.2　电解槽配置

有限元法（FEM）是 CAE 的一个应用。用有限元法研究表面处理膜，可以研究表面加工时弹性变形的变化和材料的改进程度。其模拟结果如图 93.3 所示。

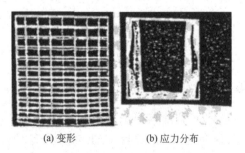

(a) 变形　　　　　(b) 应力分布

图 93.3　表面处理板的弹性和应力分布

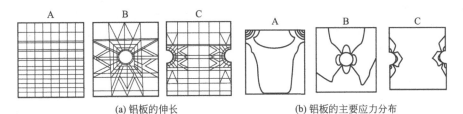

(a) 铝板的伸长   (b) 铝板的主要应力分布

图 93.4　孔腐蚀板的弹性和应力分布

A—无孔腐蚀；B—圆形孔腐蚀；C—半圆形孔腐蚀

另外，图 93.4 是模拟金属材料的弹性变形而导致金属板中间或两端发生点腐蚀的情况。

边界元法（BEM）也是 CAE 法的一个应用，可以模拟热水封孔或者烘烤时的热传导导致的阳极氧化膜膜孔中液体的温度变化。模拟的结果见图 93.5 和图 93.6。

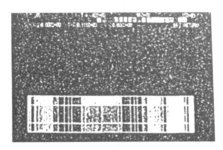
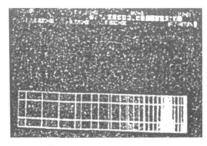

图 93.5　涂膜加热时的热传导

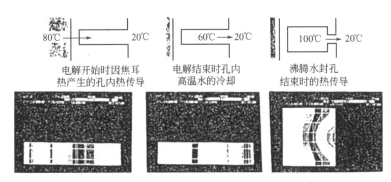

图 93.6　阳极氧化膜孔内的热传导

CAE 法的另一个应用是微分法（FDM），可以模拟阳极氧化工厂内的通风情况，模拟结果见图 93.7。

笔者没有进行过具体研究，但是利用 CAE 对电镀过程中电位分布或者电流分布模拟的一些研究已有数篇论文发表。

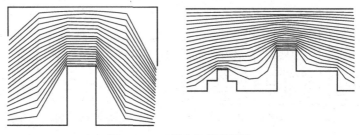

图 93.7　工厂内的模拟通风

94　用计算机模拟可进行哪些研究（其 3）？

使用阻抗等效电路对阳极氧化膜特性或阳极氧化膜电解过程中的反应机理的研究已经进行了几十年。这类研究建立等效电路模型是很简单的，但是等效电路的阻抗转换极其复杂。如今，电子工程领域广泛使用模拟电路仿真器，用此仪器仅仅输入电阻或电容的接线号码就可进行等效电路的计算。

而且，电路模拟和 Spice 的笔记本版软件 "PSpice" 相当便宜，仅需要 15000 日元，所以电路模拟在世界上普及很广。

例如，图 94.1(a) 所示的并联电路阻抗的转换程序 PSpice 如图 94.1(b) 所示，阻抗转换结果见图 94.1(c)。

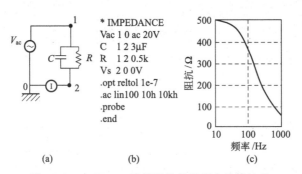

图 94.1　由 PSpice 计算阻抗的程序和计算结果

用同样的方法，也可以模拟交流电解着色阳极氧化膜时的畸变电流波形的电阻与二极管构成的等效电路。只需在 PSpice 的程序里追加一行让其进行傅里叶（Fourier）分析的命令，就能得出畸变电流波形的傅里叶（Fourier）分析。由畸变电流波形的傅里叶（Fourier）分析，可以定量地表示畸变电流波形的畸变程度。

95　铝表面处理膜可能有哪些新用途（其 1）？

阳极阳化膜的孔径为 150Å，每平方厘米有 760 亿个膜孔，已有好几位学者研究将阳极氧化膜作为分离膜使用。但是，因阳极氧化膜的孔径和性质会随时间变化而变化，且机械强度低，因此尚未实用化。

另外，将铝箔在氯化物水溶液中电解蚀刻，由于"孔蚀"会产生孔径在 $2\mu m$ 左右的细孔，基于此，铝箔的表面积成数十倍乃至百倍增加，使蚀刻箔形成壁垒型氧化膜，过去一直都当成电解电容器使用。但这种特殊的蚀刻箔兼备多种功能，除了电解电容器外，是否可用作其他用途，笔者就此做了图 95.1 中的各种实验。

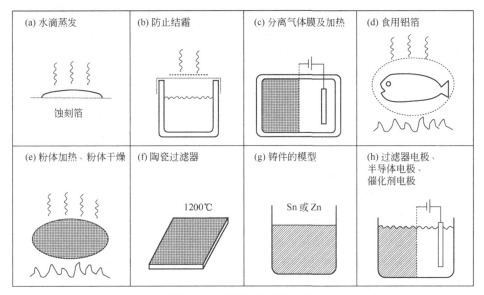

图 95.1　新用途的实验结果

图 95.1(a) 为在蚀刻箔上水滴蒸发实验。在蚀刻箔上的水滴蒸发比烹饪用铝箔上要快。

图 95.1(b) 为防止结霜实验。将 100℃ 的纯水放入玻璃烧杯中，用烹饪用铝箔盖住烧杯，与水蒸气相接的铝箔表面附着很多的水滴。另外，将 100℃ 的纯水放入玻璃烧杯中，用通透型多孔蚀刻箔盖住，与水蒸气相接的反面（多孔蚀刻箔的上表面）有少许的水滴。高温水蒸气通过蚀刻箔孔，在蚀刻箔上表面冷凝。因此，多孔蚀刻箔更适用于需要防止水滴下落的高温室内的屋顶。

图 95.1(c) 为透气性膜实验。铝电解蚀刻箔的透气性膜优越性是其孔径均匀。孔径为 $2\mu m$，可以将孔径 $2\mu m$ 以上的粒子和 $2\mu m$ 以下的粒子完全分离开。可作为无尘室的过滤膜使用。

图 95.1(d) 为烹饪用透气性箔实验。烹饪用铝箔将食品包裹上加热时，食品产生的水蒸气会蒸煮食品。但用多孔蚀刻箔包裹食品加热，食品产生的水蒸气会从蚀刻箔孔蒸发掉，就无法蒸煮食品了。还有一个好处是加热鱼或者肉时可防止油飞溅。

图 95.1(e) 为粉体加热及干燥的实验。将化学实验室干燥器中用过的硅胶颗

粒装入用多孔蚀刻箔做的袋中进行加热,硅胶水分蒸发后就可反复循环使用了。将杀虫剂或香粉装入由多孔蚀刻箔做的袋中进行加热,挥发出来的烟有杀虫效果或者有芳香飘味。无须将杀虫剂或者香粉做成块状就可使用。

图 95.1(f) 是陶瓷箱实验结果。纯铝在 650℃、各种铝合金在 600℃前后熔化。但是,贯通型蚀刻箔在 1200℃即使加热 2h 也不熔化,灰色的蚀刻箔变成白色。由空气中的氧气致蚀刻箔表面细孔被氧化而形成铝箔。

图 95.1(g) 为一个铸造模具中实验用的蚀刻箔。当使用其他材料制成的模具铸造金属时,模具中残留的空气会导致铸件中的气体驻留并在铸件上留下缺陷。但用多孔蚀刻箔制成的铸模浇注熔融锡时,模具中的空气会从蚀刻箔的孔隙中逃逸,就不会发生上述气体驻留在铸件上的情况,也不会留下缺陷。

图 95.1(h) 为过滤器电极和铝电极实验。过去隔膜电解一直在使用过滤器,但多孔的蚀刻箔除了具有均匀的孔隙外,还具有良好的导电性,因此,过滤器本身可以制成电极。

96 铝表面处理膜可能有哪些新用途(其 2)?

采用电着色法对氧化铝膜的磁记录膜和化学纹理膜进行了研究。

录音机的磁带或者计算机用的磁盘是涂布了针状氧化铁作为磁性记录媒介的,图 96.1(a) 所示的是水平磁性记录方式。相反,如果让沉积在铝阳极氧化膜孔中的磁性金属作为磁性记录媒介使用,如图 96.1(b) 所示,就变成了垂直磁性记录方式,磁性记录密度可以显著增加。这个划时代的方法,经过阳极氧化膜研究专家和许多研究磁性材料的科学家多年的研究仍没能突破,也无法实现商业化。

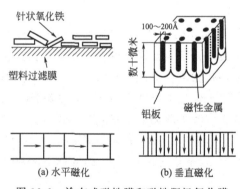

图 96.1 涂布式磁性膜和磁性阳极氧化膜

在这个研究的过程中,应用阳极氧化膜的电解着色法成功开发了化学纹理膜。该方法的基本原理如图 96.2 所示。铜沉积在交流电解着色氧化铝膜上,然后,在碱性水溶液中让阳极氧化膜表面轻微溶解,图 96.2(d) 为突起铜的表面。如图 96.2 所示,在其表面溅射磁性金属,得到有规则的凹凸磁性膜。这一将其表面变成有规则的凹凸化的过程叫作纹理化。由于是用化学方法实现凹凸化，因此也叫化学纹理。如果计算机的硬盘（磁记录介质）表面磁头完全平滑，磁性记录用针头吸附到硬盘表面，有可能破坏针头。但如图 96.2(e) 所示，如果是规则的凹凸磁性膜，磁性记录用针头就不会吸附到硬盘表面，可防止破坏针头的事情发生。图 96.3 为一张化学纹理表面的 SEM 照片。

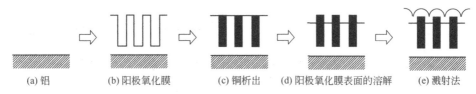

(a) 铝　　　(b) 阳极氧化膜　　　(c) 铜析出　　　(d) 阳极氧化膜表面的溶解　　　(e) 溅射法

图 96.2　阳极氧化膜表面的化学结构

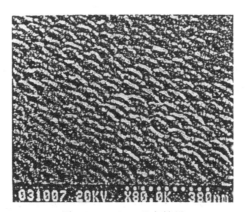

图 96.3　SEM 观察结果

97　铝表面处理膜可能有哪些新用途（其 3）？

让塑料薄膜蒸镀适量的铝，这种蒸气沉积膜同时具有反射和透射光的特性，这种薄膜也可用于太阳镜。也叫单向透视玻璃。笔者设计了一种在复印机上使用的铝蒸镀沉积板，防止塑料上的字符被复制的方法。该方法的原理如图 97.1 所示。如果试图复制覆盖着铝蒸镀沉积层的文件，复印机中的光源因铝蒸镀膜的反射而无法复印。但我们可以通过灯光或太阳光的透射光来阅读原稿。

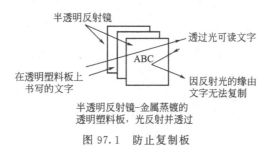

图 97.1　防止复制板

98 铝表面处理膜可能有哪些新用途（其4）？

木村光照教授开发了由局部氧化的铝箔制造微平版印刷铝卷材的过程。其方法见图98.1。

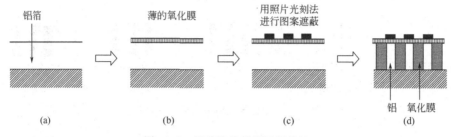

图98.1 铝箔的局部阳极氧化法

在支撑板上贴上厚度为$10\mu m$的铝箔，在一侧形成一层$0.5\sim1\mu m$的阳极氧化膜。接着，用影印石版术在薄阳极氧化膜上形成掩蔽图案。图98.1(c)的黑色长方形就是掩蔽图案的横截面图。下一步把该料样进行长时间的阳极氧化，铝箔上掩蔽剂没有覆盖到的部分都被阳极氧化了。图98.1(d)的垂直线表示阳极氧化膜。

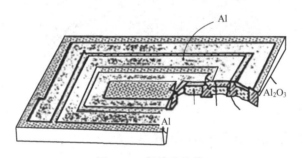

图98.2 螺旋状掩盖

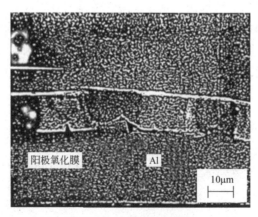

图98.3 线圈截面的照片

然后去除掩蔽材料，将铝基板的部分和被氧化的部分互换。图 98.3 是电子显微镜下拍的该铝箔横截面的照片。可以看出确实是生成了 $10\mu m$ 宽的铝线和 $10\mu m$ 宽的氧化铝线。将图 98.1 的掩蔽图案，按图 98.2 所示，用铝箔就可制作成微平版印刷线圈了。木村光照将微平版印刷线圈与太阳能电池组合一起成功开发了高电压产生的高压发生器微型元件，如图 98.4 所示，图的循环线部分是微平版印刷线圈，黑色部分是太阳能电池。

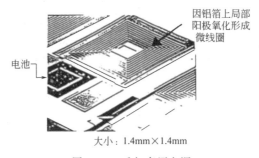

大小：1.4mm×1.4mm

图 98.4　毛细高压电源

99　为什么取代阳极氧化膜的铝表面处理方法不能普及？

作为铝表面处理的方法，阳极氧化膜已经沿用了 70 多年了。涂装或者电镀也有部分使用，但是量很少。这种状况在今后很长时间里还会持续。作为无污染表面处理法，气态阳极氧化法难道不可实现吗？经常有人问类似的问题，未来难以预测，所以也很难回答这样的问题。

在臭氧环境下进行气态氧化生成阳极氧化膜的专利有好几个，但都没有实用化。最近还进行了离子溅射电镀法用于铝板上的研究。用这类方法进行表面处理后铝的性能如表 99.1 所示。氧化膜的物理性质是好的，但是其化学性质确实不好。化学溅镀法是适用于大型工件、大批量处理的方法，今后有必要对此做进一步的研究。

表 99.1　铝上的 PVD 膜性能

试验项目	电泳方法	阴极真空喷镀			离子电镀法							阳极氧化
	氧化膜种类	Cu	Cr	SiO₂	Cr				Al₂O₃	TiN	TiC	
	试料材质	1100			1100	7075	2017	AC7A	1100			1100
	膜厚/μm	15	15	15	15	15	15	15	15	15	15	59
	膜厚	1.2/5.3	1.1/5.1	1.0/5.1	1.1/5.2	1.0/6.0	1.0/5.9	1.2/6.1	1.1/5.1	1.1/4.6	1.1/4.7	5.5/9.5
	外观观察（目视）	淡茶~暗红	银	银	银~银灰	银~银灰	银~银灰	银~银灰	银~象牙	茶色	暗茶色	茶色
	表面粗细（比表面积）	—	—	—	50	—	—	50	—	—	—	—

试验项目	电泳方法	阴极真空喷镀			离子电镀法							阳极氧化
	氧化膜种类	Cu	Cr	SiO$_2$	Cr				Al$_2$O$_3$	TiN	TiC	
	试料材质	1100			1100	7075	2017	AC7A	1100			1100
	膜厚/μm	15	15	15	15	15	15	15	15	15	15	59
膜硬度		136/109	156/193	143/223	369/528	434/657	275/448	875/965	138/397	93/96	99/456	162/280
密着性（Noope）		◎	◎	○	◎	◎	◎	◎	○	◎	◎	○
密着性（弯曲）		—	—	—	0.95/0.94	—	—	—	0.82/0.78	—	—	0.51/0.51
密着性（拉伸）		—	—	—	◎ 6000	—	—	—	◎ 5000	○ 3500	◎ 8500	◎ 4700
耐磨耗性（喷射磨耗）												
耐湿性（湿润）		—	—	—	◎	—	—	—	△	○	○	◎
耐蚀性（CASS 试验）		×	○	×	△	△	△	×	○	△	△	◎
褪色性		—	—	—	—	—	—	—	○	○	○	○△
抗老化性		—	—	—	—	△	△	△	○	○	×	◎
耐候性		×	△	◎	△	×	×	×	○	△	×	○
光泽色差		×	△	△	△	△	△	×	○	△	△	○

注：表中符号按◎、○、△、×的顺序分别表示性能由优到差。

与钢铁的表面处理相比，铝阳极氧化有一边倒的感觉，因此，有必要站在更高的高度，用更广阔的视野来研究铝表面处理。可是，像笔者这样的一旦一脚踏进阳极氧化膜的研究中，难以改变现状的话，就是这只脚也难以再拔出来了。

100　将来的铝建材表面处理会如何发展？ ❶

铝挤压型材用立吊法阳极氧化处理在日本以外的国家尚未普及，这对铝建材表面处理工业来说是革命性的变革。图 100.1 所示的就是利用立吊法使铝门窗型材的产能有了飞跃式的增长。

铝窗框生产初期，长度短的铝挤压型材用手动横吊的方式在生产线进行阳极氧

❶ 译者注：这种立式氧化线在国内已经有几十条，适用于简单断面的大批量生产，如果没有生产量，立式氧化生产线维护成本较高，如果能够满负荷生产，相对于同等产量的几条横吊生产线，每吨成本能节约人民币 500 元左右。

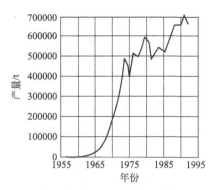

图 100.1　日本铝建材的产量

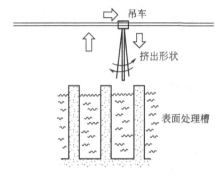

图 100.2　立式生产线的铝型材存在摇晃

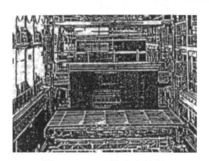

图 100.3　立吊式生产线

化处理，1965 年横吊生产线实现了自动化。随后 1970 年立吊生产线开始投产了。

　　当时，对于立吊式铝表面处理方法很多研究者或者技术人员没有兴趣，还有很多人冷嘲热讽，认为这种设备毫无使用价值。

　　主要原因是，如图 100.2 所示，立式悬挂的铝挤压型材存在摇晃的问题。长6m 的铝挤压型材从一个表面处理槽取出，用吊车吊往另一个表面处理槽时，型材一定会产生晃动。将晃动的型材放入表面处理槽时，两极和型材会引起短路而发生大事故。

　　随着吊车控制系统的完善和架子夹具的改善，立式悬挂架的技术成熟了。与初期的立式悬挂技术相比，现在立式悬挂技术减少了吊车移动时间，表面处理槽的宽

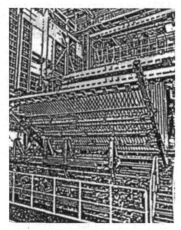

图 100.4 　自动阳极氧化处理设备（立吊式）

度也变窄了。表面处理槽的宽度变窄对表面处理氧化膜的质量提高和节能起了巨大作用。完全自动化和半自动化的上架和下架的实现，更进一步，利用激光焊接技术使得自动上架也逐渐实现了工业化。

　　图 100.3 和图 100.4 为现在使用的立吊式表面处理生产线。图 100.3 是月产2000t 的立吊式生产线。一个挂架可以吊挂 100～200 根铝型材，3 个挂架一起放入一个处理槽，一个处理槽一次性可以处理 300～360 根铝型材。

　　这类立吊式表面处理生产线月产量规模在 1000～3000t，表面处理生产线的各种辅助设备也都实现了自动化。表面处理生产线槽液的循环利用系统如图 100.5 所示。立吊式表面处理大型生产工厂为了成品的管理，大都设置了大型自动化仓库。

　　目前日本最大的 5 家铝窗框生产厂家共计拥有 40～50 条立吊式生产线和 10～15 条横吊式生产线。在日本以外的国家合计拥有 10～15 条立吊式生产线。

　　下面介绍立吊式面处理生产方式的优点：

　　① 按工厂面积来算，立吊线适用于大批量生产。顺便提一下，横吊线的极限月产量在 500t。

　　② 上架和下架实现了自动化和半自动化。

　　③ 表面处理时，从表面处理槽带出的药品或者电泳漆少。水洗的时候好控水。

　　④ 夹具不用浸泡到表面处理液中，可减少夹具损耗，夹具费用降低了。

　　⑤ 用计算机实现了自动化控制，可得到稳定的、高品质氧化膜。

　　立吊式表面处理生产线方式缺点有：

　　① 投资成本高。月产 1000t 的表面处理线，与横吊线相比，立吊线投资金额是其 1.8 倍。

　　② 不适用于弯曲的铝型材的表面处理。

　　③ 立吊线表面处理的型材有上、下膜厚差异。

　　④ 深度 7m 的表面处理槽的保养维护难度大。

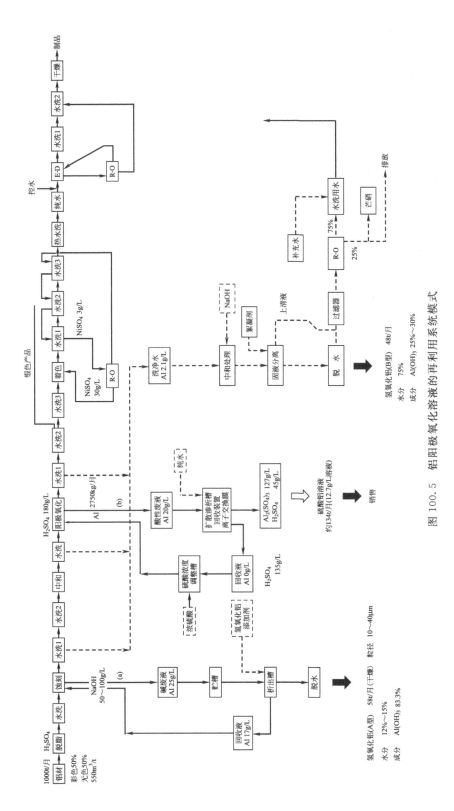

图 100.5　铝阳极氧化溶液的再利用系统模式

参 考 文 献

Arthur W. Brace;

ANODIC COATING DEFECTS—THEIR CAUSES AND CURE,

Technocopy Books，Glos（England），(1992)

V. F. Henley;

ANODIC OXIDATION OF ALUMINUM AND ITS ALLOYS,

Pergamon Press，Oxford（1982）

John W. Diggle;

OXIDES AND OXIDE FILMS，Volume 1～Volume 5，

Mercel Dekker，Inc.，New York（1972）

S. Wernick and R. Pinner;

THE SURFACE TREATMENT AND FINISHING OF ALUMINUM AND ITS ALLOYS,

Fourth Edition，Volume 1 and Volume 2，

Robert Drapper Ltd.，Teddington（England），(1972)